MÉMOIRE

CONCERNANT

LA RÉGÉNÉRATION DE LA VIGNE

ET AUTRES VÉGÉTAUX

L'AMÉLIORATION DES TERRES, LE PERFECTIONNEMENT DES LABOURS
LA REPLANTATION DES ARBRES, LES TEMPS ET LES SAISONS QUI CONVIENNENT
AUX TRAVAUX DES CHAMPS, L'ARROSAGE, ETC.

PAR

DENIS ALBERT

Ex-Régisseur, Cultivateur vigneron à Balzac (Charente)

HONORÉ D'UNE MÉDAILLE D'ARGENT DE 1re CLASSE
Par la Société d'Agriculture de la Charente

2e ÉDITION, AUGMENTÉE ET CORRIGÉE

PRIX : 2 FRANCS

PARIS
LIBRAIRIE AGRICOLE DE LA MAISON RUSTIQUE
26, RUE JACOB, 26

1862

MÉMOIRE

CONCERNANT

LA RÉGÉNÉRATION DE LA VIGNE

ET AUTRES VÉGÉTAUX

MÉMOIRE

CONCERNANT

LA RÉGÉNÉRATION DE LA VIGNE

ET AUTRES VÉGÉTAUX

L'AMÉLIORATION DES TERRES, LA REPLANTATION DES ARBRES
LES TEMPS ET LES SAISONS QUI CONVIENNENT AUX TRAVAUX DES CHAMPS
L'ARROSAGE, ETC.

PAR

DENIS ALBERT

Ex-Régisseur, Cultivateur vigneron à Balzac (Charente)

HONORÉ D'UNE MÉDAILLE D'ARGENT DE 1re CLASSE
Par la Société d'Agriculture de la Charente

2e ÉDITION, AUGMENTÉE ET CORRIGÉE

ANGOULÊME
IMPRIMERIE CHARENTAISE DE A. NADAUD ET Cie
RUE DU MARCHÉ, N° 4

1862

RAPPORT

SUR LE MÉMOIRE DE M. DENIS ALBERT

CONCERNANT

LA RÉGÉNÉRATION DE LA VIGNE

ET AUTRES VÉGÉTAUX, ETC.

Fait par M. ROUFFIGNAC à la Société d'Agriculture de la Charente, dans sa séance du 15 Juillet 1862

PRÉSIDENCE DE M. ROUX

Messieurs,

Dans votre séance du 16 juin dernier, vous avez chargé une commission d'examiner le Mémoire de M. Albert sur la régénération de la vigne et autres végétaux, et de visiter ses plantations pour apprécier le résultat de la méthode préconisée dans ce mémoire.

Votre commission, Messieurs, s'est acquittée de son mandat, et je viens, comme rapporteur, vous soumettre le résultat de ses observations.

Fils d'agriculteur et voué dès son enfance aux travaux des champs, M. Albert a su mettre à profit l'esprit d'observation dont il est doué pour tenter des améliorations dans les cultures, celle de la vigne surtout, qui fait la principale richesse de notre département.

Ayant remarqué que les jeunes vignes mouraient, en effet, avant d'avoir atteint leur entier développement, il pensa que cela devait être la suite d'une mauvaise plantation. Pour s'en assurer, il se livra à des expériences nombreuses et variées, qui confirmèrent bien vite ses premières impressions.

Il fut convaincu que le mal provenait du choix des crossettes et d'une taille défectueuse, et que par suite de ce mauvais choix et de cette taille défectueuse, il se produisait chez la vigne une sorte de dégénérescence qui, en peu d'années, occasionnait la mort de ce végétal. Dès lors, il s'occupa de chercher un remède, et, je m'empresse de le dire, votre commission a pu constater que tant d'efforts avaient été couronnés d'un succès que l'avenir, nous le pensons, viendra sanctionner encore.

Ce sont ces expériences faites sur la vigne et d'autres végétaux, et accompagnées de sages conseils et de conclusions fort justes, qui font l'objet du mémoire que nous avions à apprécier.

M. Albert avait compris que pour bien juger sa méthode il fallait en connaître les résultats pratiques; aussi avait-il invité votre commission à aller visiter ses cultures. C'est ce qu'elle a fait le 3 du courant. Elle a d'abord examiné un champ de blé qui lui a paru remplir toutes les conditions. Bien ensemencé, paille abondante surmontée de beaux épis, preuve d'une semence bien choisie et d'un terrain bien préparé.

Passant ensuite à une vigne de 21 ans, pur balzac noir (espèce délicate), plantée et traitée par lui, et l'ayant comparée à des vignes voisines du même âge environ, exposées de la même manière, mais traitées d'après l'ancienne méthode, votre commission, Messieurs, a été unanime pour reconnaître que ces dernières étaient loin de présenter la vigueur et la végétation qu'elle avait remarquées dans celles de M. Albert. Ici, pas un cep ne manque! on voit partout un bois sain, des sarments vigoureux et chargés de grappes. Là, au contraire, beaucoup de ceps sont morts, d'autres languissent et partant sont improductifs.

Votre commission s'est ensuite transportée à Bardines, sur la propriété de M. Roux, notre honorable président, et, là encore, elle a examiné un rang de vigne planté par M. Albert, il y a trois ans, et dont les crossettes avaient été choisies et préparées par ce dernier. Aujourd'hui, par son développement et la force de sa végétation, ce rang de vigne paraît avoir 8 à 10 ans.

Après l'examen sérieux des champs et des vignes que M. Albert lui a fait parcourir, et surtout après avoir entendu la démonstration concluante que lui a faite ce dernier, tendant à prouver d'où venait la mortalité prématurée de la vigne et le moyen d'y remédier, votre commission a déclaré approuver à l'unanimité le Mémoire de M. Albert sur la régénération des vignes, la culture des céréales, etc., comme contenant des principes pratiques très faciles dans leur application, et ne pouvant conduire qu'à de bons résultats. Elle aurait cru, d'ailleurs, manquer à son devoir en n'accueillant pas favorablement un ouvrage dont le principal sujet a pour but d'apporter un remède efficace à cette dégénérescence qui se manifeste de plus en plus dans nos vignobles, et pour encourager son auteur à persévérer dans ses recherches sur un sujet aussi important, votre commission Messieurs, vous propose d'accorder à M. Albert une médaille d'argent de première classe.

Les Membres de la Commission :

Le Rapporteur,
ROUFFIGNAC,
Propriétaire et Adjoint à M. le Maire de Balzac.

MAUFRAS,
Propriétaire et Maire de L'Houmeau-Pontouvre
et Membre du Conseil d'arrondissement.

CHABOT,
Propriétaire.

FAHY,
Professeur d'arboriculture diplômé.

MÉMOIRE

CONCERNANT

LA RÉGÉNÉRATION DE LA VIGNE

ET AUTRES VÉGÉTAUX

L'AMÉLIORATION DES TERRES, LA REPLANTATION DES ARBRES
LES TEMPS ET LES SAISONS QUI CONVIENNENT AUX TRAVAUX DES CHAMPS
L'ARROSAGE, ETC.

Je ne me pose pas comme viticulteur absolu, car je suis convaincu de l'insuffisance de mes moyens pour traiter parfaitement les sujets importants qui font les matières de mon travail et pour lesquels le temps m'a manqué; je laisse à mes indulgents collègues la liberté de juger le mérite de mon ouvrage, qui est le fruit d'une pratique de trente années.

On ne peut pas écrire et labourer tout à la fois. J'ai commencé dès onze ans à cultiver la vigne et les autres précieux végétaux que je traite ici. D'ailleurs, la perfection providentielle des arts et des sciences est si élevée, que les persévérants auteurs s'épuisent presque en vain pour l'atteindre, en ce que les matières se découvrent et se multiplient à l'infini.

La vigne, qui fait la richesse d'une grande partie de la France, est originaire de l'Orient. Cette plante est une des plus précieuses parmi celles que le Créateur a répandues avec tant de profusion sur la terre, car elle fournit à l'homme une liqueur salutaire et fortifiante. Il est donc à regretter que la vigne soit dégénérée à tel point que bientôt peut-être elle disparaîtra, à moins que l'on n'abandonne les imprudentes méthodes dont les vignerons se servent depuis plusieurs années dans notre pays pour la renouveler, et que l'on n'emploie celles que j'indique dans cet ouvrage.

Plusieurs propriétaires attribuent à l'épuisement des terres la cause de la dégénération des vignes; mais les expériences de notre pays prouvent que c'est une erreur, car la faiblesse ou la maigreur d'un terrain peut bien réduire la production d'un plant, mais elle ne peut en corrompre la nature.

Il y a plusieurs autres propriétaires qui attribuent cette dégénération à la croissance hâtive des vignes; car, disent-ils, ce sont toujours celles qui poussent avec le plus de vigueur qui meurent le plus tôt. C'est encore une erreur : ceux qui raisonnent ainsi confondent la croissance outrée des vignes mal soignées avec la croissance hâtive, mais naturelle et saine, de la vigne bien régénérée. En effet, une vigne bien cultivée est à la fois jeune, saine et vigoureuse.

Les vignes sont naturellement très vivaces, et si elles étaient conduites avec l'intelligence qu'exige leur conservation, elles pourraient survivre à plusieurs générations d'hommes.

Frappé de l'état déplorable des jeunes vignes dans notre pays et dans toutes sortes de terrains et d'expositions, et remarquant que les vieilles vignes cultivées actuellement de la même manière que les jeunes manquent, il est vrai, d'un grand nombre de ceps, mais que ceux qui y restent se maintiennent assez bien, j'ai demandé, pour m'éclairer, des renseignements aux plus anciens vignerons que j'ai connus. Ils m'ont répondu qu'anciennement ils plantaient leurs vignes comme on les plante encore maintenant, mais qu'ils ne commençaient pas à les tailler aussi jeunes qu'à présent, et qu'ils dirigeaient leur première taille différemment que nous. Je demandai des explications sur ce sujet, et je les trouvai si raisonnables, que je dus les prendre en grande considération. D'après ce que j'ai appris, il paraît que les anciens savaient assez bien diriger la première taille de leurs jeunes vignes, mais ils ne connaissaient pas la manière de tailler leurs boutures afin de fixer le pivot des ceps pour qu'elles y prissent racine. C'est à l'ignorance de cette taille qu'il faut attribuer la mort d'un grand nombre de ceps dans les anciennes vignes, et les ceps restants n'ont pas autant de vigueur qu'ils en auraient s'ils avaient été traités selon mes indications.

Nos ancêtres cultivant avec plus de prudence que nous, il leur était plus facile de réussir dans leurs plantations; la terre n'était pas aussi corrompue qu'elle est à présent; de plus, les crossettes dont ils se servaient étaient plus saines que celles que l'on emploie aujourd'hui, parce que les vignerons imprudents les ont fait dégénérer d'âge en âge.

Si les mauvaises méthodes actuellement en usage ne font pas autant dépérir les anciennes vignes que les jeunes, c'est parce que ces vieilles vignes ont acquis, par leur âge, toute leur consistance naturelle, et offrent alors plus de résistance; tandis que les jeunes, n'ayant pas encore acquis le même degré de force, sont d'une grande sensibilité. En effet, on ne ferait pas autant de tort à un vieux cep en lui coupant un membre que l'on en ferait à un jenue en lui coupant un gros sarment.

Ayant aussi remarqué dans les jeunes vignes que ce sont les ceps atteignant une grosseur extraordinaire qui sont le plus tôt morts, j'ai compris que ces croissances outrées indiquaient de la corruption. Pour m'assurer des causes de ce phénomène, j'ai arraché plusieurs jeunes ceps morts, et, les ayant fendus par la moitié, j'ai remarqué que la moelle et le bois étaient attaqués d'un bout à l'autre, et que leur pourriture provenait, d'un bout, de la mauvaise direction de la première taille; de l'autre, de ce que les boutures n'avaient pas pris racine dès leurs pivots, parce qu'on n'avait su ni les fixer ni les traiter. Ces deux principes morbides s'étant joints, les jeunes ceps avaient donc été mortellement atteints par les deux extrémités.

J'ai aussi arraché, dans ces jeunes vignes, d'autres ceps vivants qui avaient reçu les mêmes traitements que les précédents; les ayant aussi fendus par la moitié, j'ai remarqué que la moelle et le bois n'étaient pas aussi profondément atteints que les précédents, les boutures ayant pris racine un peu plus avant dans la terre et à plus de mamelons que les autres.

Ces derniers possédaient alors plus de vie que les autres, parce que leurs attaques, étant plus éloignées, ne se joignaient pas encore; mais ils n'avaient pas autant de vigueur qu'ils en auraient eue s'ils avaient été bien traités, et montraient des ceps d'une courte durée.

De plus, ces jeunes ceps vivants avaient dans la terre un grand nombre de petites racines courtes et qui étaient mortes, pour n'avoir pas pu pénétrer dans l'intérieur des trous destinés à leur plantation, parce que le sous-sol étant difficile à percer, l'intérieur de ces trous avait été excessivement tassé par le pieu en fer qui avait servi à leur ouverture.

Je vais mentionner les anciennes méthodes défectueuses actuellement en usage dans notre pays, et qui portent tant de tort aux vignes; ensuite j'indiquerai celles que j'ai adoptées, et que je crois capables de ramener à une vigoureuse santé cette précieuse plante.

Ces différentes méthodes mises en regard, il ne sera pas difficile de les comparer et d'apprécier la supériorité de celle que je dois à une longue expérience et à de consciencieuses études.

Anciennes Méthodes dégénératrices des Vignes actuellement en usage.

Connaissant les causes de la dégénération et considérant la manière dont les vignerons de notre pays cultivent leurs jeunes vignes depuis plusieurs années, on comprendra facilement qu'il est impossible qu'ils puissent en élever qui aient une longue durée; je suis même surpris qu'il existe un seul cep dans leurs vignobles, car les vignes sont plantées et traitées dans un désordre presque complet : point d'échalas, végétation libre par des coursons mal limités, point de pinçage, point d'épamprement et une seule vendange, souvent même avant que les raisins soient assez mûrs. Puis, comme il y a une grande quantité de petits pampres non aoûtés qui produisent une certaine quantité de raisins contenant peu de saveur et très peu d'alcool, et que l'on mêle avec les meilleurs raisins, c'est ce qui, la plupart du temps, fait varier le vin de la Charente. Autrement la Charente possède des raisins des plus fins cépages et d'excellents vignobles bien exposés et abondants. Si les vignes étaient bien cultivées, les Charentais récolteraient de beaux et d'excellents vins qui se conserveraient très bien.

Comme ils n'en connaissent point les conséquences, s'ils opèrent leurs imprudentes plantations en temps, en terre et en saison favorables, c'est par hasard; car ils choisissent souvent mal leurs boutures et sur des ceps déjà attaqués, mal exposés, et ne les taillent pas convenablement. Ainsi, ils prennent fréquemment des sarments d'une grosseur extraordinaire, sans songer qu'ils sont souvent les plus sensibles, en ce qu'ils sont les plus moelleux et les plus spongieux; et ce sont ceux-ci précisément qui risquent déjà à renfermer souvent en eux le principe de dégénération. En outre, ils leur coupent par les deux bouts la moelle ainsi que les pores ligneux et vitaux, et la plaie qui en résulte est d'autant plus large que le sarment est plus gros Ces deux tailles irrationnelles, principalement celle du pivot du cep, contribuent puissamment à la perte de la vigne, en ce que le pivot ne peut que se corrompre, beaucoup étant mal traités et mal fixés.

Les jeunes plants étant ainsi attaqués par-dessous, ainsi que leur moelle et leurs pores ligneux et vitaux, la corruption gagne le bois. Quant à la coupe qui se trouve au-dessus de la terre, elle est indispensable ; la précaution de la couvrir avec du goudron ne serait pas nuisible, mais serait trop dispendieuse. Les boutures bien traitées ont le temps de se rétablir, avant leur première taille, de cette blessure, ainsi que de leurs autres contrariétés.

En effet, la coupe du pivot se rétablit passablement lorsqu'elle est bien fixée et bien traitée, et, de plus, elle est soutenue par l'influence de la terre, de la séve et des racines ; tandis que la coupe qui est au-dessus de la terre ne peut avoir tous les mêmes soutiens pour se rétablir, même quand on butterait complétement le plant en le plantant.

Après avoir ainsi fait leur choix de boutures, les uns les mettent dans l'eau pendant plusieurs jours avant de les planter, ce qui leur est préjudiciable ; les autres les font élaborer entre deux couches de terre végétale, souvent trop humide, ce qui détériore la terre et occasionne des moisissures aux boutures. Il y en a beaucoup qui ne les couvrent de terre qu'à demi ; alors l'air leur cause un grave préjudice. Enfin, les autres les plantent sans qu'elles soient préparées à la végétation, et ne les buttent point, ce qui leur est contraire, et toujours dans des trous irréguliers, récemment faits, et dont l'intérieur est souvent si tassé, que les racines ne peuvent y pénétrer. Leurs boutures étant toujours trop élevées au-dessus de la terre, l'air leur est très préjudiciable. En outre, ils les plantent souvent dans du terreau ou dans du fumier, ou encore dans des terrains d'un repos de cinq à six ans ; tout cela est mauvais.

Lorsqu'ils ont ainsi planté leurs boutures, ils ne les arrosent point, puis les chaleurs et les mauvais traitements en font mourir beaucoup ; de sorte qu'ils sont obligés de les entreplanter pendant trois ou quatre années de suite. Enfin, ils réussissent, à force de temps et de patience, à leur faire prendre un peu racine. Ces boutures ainsi plantées souffrent beaucoup, en ce qu'elles sont attaquées, ainsi que nous l'avons déjà dit, par-dessous, à leur pivot, à leur moelle et à leurs pores ligneux et vitaux ; étant peu enracinées à quelques mamelons au-dessus du pivot et très exposées au-dessus de la terre par leur hauteur, elles sont alors fort sensibles; il y en a beaucoup qui d'abord poussent si faiblement, qu'on ne les croirait pas viables.

Ils commencent à tailler ces jeunes vignes vers la fin de mars ou au commencement d'avril, lorsque la séve est en mouvement; elles perdent ainsi une grande quantité de séve. En outre, ils les coupent transversalement entre deux terres, par-dessous leurs petites touffes de jets. Cet imprudent traitement contribue puissamment encore à leur dégénération : le corps des jeunes ceps se trouve alors endommagé, principalement les plus gros, aux deux extrémités, ce qui fait deux larges plaies à chaque plant, et le cours ordinaire de la végétation se trouvant totalement interrompu, le corps des jeunes ceps est alors exposé à toutes les rigueurs atmosphériques qui les atteignent par leur moelle et leurs pores ligneux et vitaux, coagulent leurs sucs séveux et les détériorent souvent d'un bout à l'autre. Ces deux grands accidents occasionnent aussi des excroissances corrompues, capables de déterminer, sinon de suite, du moins quelques années après, la mort des ceps attaqués. De sorte qu'au bout de quinze à vingt ans, les vignes sont mortes, n'ayant encore produit que peu de vin et donné beaucoup de peine. L'opération est alors à recommencer, et ainsi de suite. Tandis qu'une vigne de quinze à vingt ans, bien soignée est très vigoureuse, a déjà produit beaucoup de vin et en produira encore longtemps en grande quantité, et sera presque insensible aux intempéries et à la taille.

Ma méthode préserve de tous les désastres que je viens de signaler. Lorsqu'elle sera adoptée, la culture de la vigne donnera les résultats les plus avantageux.

Nouvelles Méthodes régénératrices des Vignes.

Régénérer une vigne, c'est créer des ceps sains et vigoureux, dépourvus de toute attaque depuis leurs pivots jusqu'à la première taille.

Il faut considérer que l'oïdium, qui émane de causes naturelles, n'est pas comparable à la maladie dégénératrice dont je traite ici; cette dernière émane de la mauvaise direction de la taille.

C'est après plusieurs expériences que je suis enfin parvenu à découvrir que la dégénérescence de la vigne n'était due qu'à la mauvaise taille, principalement dans sa jeunesse, lorsqu'on l'avait renouvelée.

En conséquence, je me suis empressé d'arrêter cette dégénérescence par un nouveau genre de taille et d'autres procédés dont j'ai reconnu et éprouvé l'efficacité. On peut donc les employer avec confiance.

Les jeunes vignes sont très sensibles à la taille et autres blessures, en ce que leur bois est très moelleux, spongieux et poreux. Voilà pourquoi elles ne veulent pas de larges plaies dans leur début.

Nous voyons tous les jours des membres de vignes émanant d'un petit sarment réussir mieux que ceux émanant d'un gros.

La première chose à faire, et le point essentiel pour les régénérations végétales quelconques, c'est de choisir avec le plus grand soin les plants ou les semences; puis il faut les planter ou les semer en temps et saison favorables, dans des terrains assez nourrissants, sous une assez bonne température, et leur donner la culture propre à les faire vivre. Avec ces moyens, on atteindra certainement le but.

En ce qui concerne la vigne, il est évident que les sarments d'un cep attaqué par la corruption en sont attaqués comme le cep lui-même, puisqu'ils ne font qu'un avec lui. C'est pourquoi, si l'on ne choisit pas ou si l'on choisit mal les crossettes destinées à régénérer les vignes, on échouera, puisqu'elles renfermeront le principe délétère ; et si, en outre, on les traite avec imprudence, on hâtera le développement du mal.

Les vignes peu attaquées par la *taille* sont souvent difficiles à connaître, à moins qu'on ne fende le corps des ceps par la moitié. Néanmoins, elles sont souffrantes, sensibles, débiles, et poussent beaucoup moins vigoureusement que si elles étaient bien travaillées ; on ne peut mieux les soulager qu'en les préservant totalement de la taille pendant quelques années de suite. Les personnes compétentes connaissent très bien celles qui sont excessivement dégénérées par la *taille*. Les ceps qui n'ont encore que l'intérieur du corps un peu attaqué par la taille, et dont cette attaque n'a pas encore pénétré les racines ni les sarments, sont encore assez propres à la régénération ; mais si cette corruption existe dans toutes les parties des ceps, leurs sarments sont presque sans ressource.

Choix des Crossettes et des Boutures.

Les saisons, les temps, les lieux, l'aspect plus ou moins sain des ceps sont à considérer dans le choix des crossettes et des boutures ; c'est dans le mois de février, quelques jours avant que la séve se mette en mouvement, par un beau temps, un vent du nord, dans un terrain assez élevé et sans ombrage, si l'on peut réunir toutes ces conditions, et sur les ceps les plus sains, les plus vigoureux et d'une bonne espèce

2

qu'il faut les prendre. Les sarments d'une moyenne grosseur bien aoûtés, qui ont les mamelons les plus rapprochés, sont préférables, en ce qu'ils ne sont pas trop moelleux, forment le plus de racines et ne peuvent recevoir de trop larges plaies. Néanmoins, les gros sarments des ceps sains sont aussi assez propres à la régénération.

Les ceps qui sont restés quelques années sans être taillés fournissent aussi des plants bien sains. Les sarments d'une saine et vieille vigne offrent plus de garantie pour la durée du plan régénéré que les sarments d'une saine et jeune vigne; cependant ces derniers étant plus tendres, ayant leurs pores plus ouverts, sont susceptibles de se développer plus facilement et avec plus de rapidité que les autres; étant bien traités, ils sont aussi passablement bons.

Le choix fait, les crossettes doivent être taillées de manière qu'étant plantées de 25 à 30 centimètres de profondeur environ, elles ne présentent qu'un bouton au-dessus de la terre. Si les plants présentent plusieurs boutons au-dessus de la terre après être plantés, on les ravale sur un seul, ce qui suffit pour absorber la séve des plants dans la première année de leur plantation. Surtout il faut rigoureusement s'abstenir de couper la moelle et les pores ligneux et vitaux par les bouts qui doivent servir de pivots, cela rendrait la vigne trop sensible et trop débile; il faut, au contraire, leur conserver un talon formé d'une portion d'un centimètre et demi environ du courson de l'année précédente, ce qui est toujours facile à obtenir dans des vignes à coursons libres. Ce talon, prenant racine le premier, conserve sain et vigoureux le pivot du cep, qui doit être fixé au point de bifurcation du sarment. Il faut que le sarment soit coupé bien plan, avec un instrument tranchant.

Il faut considérer que la moelle des sarments est articulée à chaque mamelon par les boutons au-dessous et au ras de ces derniers; malgré cela, le bois n'a presque pas d'articulation; ses mêmes pores et ses mêmes lignes existent et se correspondent d'un bout à l'autre des sarments.

Les racines se forment ordinairement aux mamelons, mais elles se forment aussi entre les mamelons et au vieux bois.

Un sarment bien sain est toujours propre à la régénération de la vigne; mais, comme je l'ai dit précédemment, pour fixer et conserver sain et vigoureux le pivot des ceps, qui offre de si grands avantages à la vigne, on doit en préférer le gros bout au petit, c'est-à-dire l'extrémité la plus basse à la plus élevée, parce que les mamelons y sont plus rapprochés, et que là il y a plus de séve et de vitalité qu'à la partie opposée. Or, comme les crossettes souffrent toujours un peu avant d'avoir pris racine, celles qui ont le plus de séve et de force résistent naturellement mieux, reprennent plus tôt que les autres et forment plus de racines. Cependant le petit bout du sarment est plus flexible que l'autre; il a ses boutons plus gros et plus fructueux, les pores plus ouverts et est plus susceptible de se dilater; mais l'expérience prouve que s'il est planté étant détaché du gros bout il périt. Les boutures, qui doivent être plantées comme les crossettes, ne se taillent pas comme ces dernières, en ce que leurs pivots sont fixés différemment. En effet, au lieu de fixer le pivot des ceps entre deux mamelons, comme le font actuellement beaucoup de vignerons pour planter la vigne en boutures, il vaut mieux le fixer à l'articulation de la moelle; c'est-à-dire, au lieu de rogner les boutures entre deux mamelons, il faut les rogner à l'articulation de la moelle. Là sont susceptibles de se former des racines. Si ces dernières s'y formaient de suite, ce qui arrive souvent, la vigne, quoique sensible et un peu attaquée, serait assez bien régénérée dès son pivot, pourvu que les boutures fussent bien choisies; mais comme l'attaque des coupes se prononce souvent avant les racines, il vaut mieux, pour la durée des vignes, fixer le pivot des ceps au point de bifurcation et le protéger par un talon.

Pourtant, si l'on voulait fixer le pivot des ceps à l'articulation de la moelle des mamelons assez rapprochés du point de bifurcation, il serait nécessaire de faire élaborer les boutures avant de les planter, afin de ne planter que celles qui auraient formé des racines dès leurs pivots.

Les plants désarticulés au point de bifurcation ne valent pas non plus ceux qui ont un talon.

Ce talon, si court et ayant ses deux coupes si rapprochées, ne peut faire que de se corrompre un peu, principalement celui du chevalier, qui l'est un peu d'avance; mais cette corruption ne peut avoir aucune influence fâcheuse sur le plant; n'étant pas renfermée, elle se dissipe librement par les coupes sans rien attaquer. En outre, la moelle et les pores du talon sont dans une direction contraire à ceux du plant. De plus, il y a une assez forte portion de bois saine et vigoureuse entre le talon et le plant. C'est par cette portion de bois que s'incorporent au talon la moelle et les pores du plant; ce qui fait que la séve du talon produite par les racines circule librement dans le plant, et par suite le talon se rétablit passablement.

L'écorce extérieure des crossettes et des boutures, si dure et si altérante, s'oppose beaucoup aux influences de la terre et de l'eau; il serait un bien qu'elle fût ôtée aux parties qui doivent être enfouies, ce qui serait facile à faire après qu'elles auraient resté quelques jours dans la terre.

Quand les crossettes et les boutures ont été choisies et taillées avec les soins que je viens d'indiquer, on les fait immédiatement élaborer entre deux couches de terre végétale bien meuble, assez fertile, essorée et sans aucun ombrage; on les range de manière à ce que la terre les couvre et les touche partout au moins de 16 centimètres, et on les arrose de suite. Elles doivent être inclinées de telle sorte que la tête soit un peu plus élevée que le pivot. On fait élaborer les crossettes dans le même terrain où elles doivent être plantées; le terrain léger et sablonneux est le meilleur. Toutefois, il est plus avantageux de faire élaborer les plants de vigne dans un terrain inférieur en qualité à celui où l'on doit les planter que dans un terrain supérieur. Si l'élaboration est trop lente et souffre par la froideur de la terre, on arrose cette dernière avec de l'eau un peu tiède. Si la terre est assez chaude et que la sécheresse soit excessive, on humecte la terre de temps à autre sans faire tiédir l'eau.

Les crossettes et les boutures ne doivent pas rester trop longtemps à l'élaboration; on les plante aussitôt que leurs pores sont remplis de séve et que les mamelons commencent à rayonner, en ayant soin d'examiner auparavant si les bouts qui doivent servir de pivots ont des rayons apparents. Si l'on en trouve quelques-unes dont le bout destiné au pivot ne présente pas encore de rayons, on les rend quelque temps à l'élaboration; et si, enfin, les rayons n'en sont pas bien évidents, on ne les plante pas. Quoique le balzac noir soit assez délicat, il s'élabore et prend vie plus facilement que la folle blanche et autres espèces robustes. Il est avantageux que les espèces de vignes les plus robustes, telles que la folle blanche et autres, occupent les terrains les plus faibles.

Néanmoins, ce n'est pas assez; les terrains les plus excellents pour la vigne doivent être plantés en plein, et les terrains d'une qualité inférieure doivent être plantés en allées.

On doit faire élaborer les crossettes et les boutures à la végétation avant de les planter, car celles qu'on a employées sans cette préparation et qu'on n'a pas buttées sont privées de séve; ayant un bout exposé à l'air, elles deviennent langoureuses, débiles, et souvent elles meurent; tandis que celles pour lesquelles on a pris ces précautions n'éprouvent presque pas de langueur, pourvu qu'elles soient arrosées au besoin, et leur réussite est hâtive et parfaite.

Pourtant, s'il en manquait quelques-unes, on pourrait les remplacer l'année d'après, au mois de mai, par de nouvelles crossettes ou boutures bien rayonnées, ou dans les mois suivants de novembre, décembre ou février, par des plants de deux ans bien enracinés, obtenus par des crossettes ou des boutures en pépinières. Les pépinières doivent occuper un terrain inférieur en qualité à celui dans lequel les plants doivent être plantés à demeure. Si le terrain des pépinières était meilleur que celui des vignobles, les plants, en les mettant en place, éprouveraient une contrariété si grande, qu'elle leur serait désavantageuse.

D'ailleurs, si l'on plante les vignes avec les soins que j'indique, il en manquera très peu, ce qui est très avantageux.

Les crossettes et les boutures élaborées ne doivent pas être buttées en les plantant au mois de mai.

Si l'on veut planter la vigne dans le mois de novembre ou décembre, ainsi qu'entre la mi-février et la mi-mars, sans que les crossettes et les boutures soient élaborées entre deux couches de terre végétale, il est nécessaire qu'elles soient entièrement buttées en les plantant, et au commencement de la végétation on les débutte d'un bouton, en leur donnant un parfait labour.

La plantation de novembre ou décembre serait assez bonne, en ce que les sarments sont assez sains, n'ayant pas encore éprouvé de contrariété par l'hiver; mais la pluie excessive de l'hiver risquant à noyer souvent le pivot des plants dans tous les terrains dont le sous-sol est argileux, on pourrait alors planter les terrains qui ont le sous-sol en calcaire, dans lequel l'eau s'égoutte assez librement. Les ceps manquants doivent être remplacés en mai. On pourrait aussi choisir les plants, les mettre à l'élaboration dès les mois de novembre ou décembre, afin de les planter dans les mois d'avril ou mai suivant.

Lorsque l'on veut planter la vigne, on prépare et l'on trace les carrés d'abord, et l'on y plante les crossettes et les boutures aussitôt qu'elles sont sorties de l'élaboration, parce qu'un retard pourrait les faire souffrir des injures de l'air. La plantation doit se faire au mois de mai ou plus tôt, si l'état des crossettes et des boutures l'exige, car la plantation de la première saison est la plus avantageuse, en ce que les plants résistent mieux aux chaleurs. Il faut, autant que possible, choisir un beau temps, un vent du nord, une terre parfaitement et profondément labourée, afin de détruire le chiendent, les ronces, etc.; en outre, que cette terre soit bien meuble, essorée et un peu épuisée, s'il est possible, car, d'après l'expérience, il y a plus d'avantage à planter la vigne dans un terrain un peu épuisé de culture et d'engrais que dans un terrain reposé et trop amendé. C'est-à-dire qu'un terrain ayant subi un très long repos est passablement bon pour la plantation de la vigne; mais un terrain de cinq à six ans de repos, ayant été occupé par un sainfoin, une luzerne, etc., est trop corruptible pour y opérer la plantation de la vigne; il faut l'épuiser un peu par une culture de plusieurs années en pommes de terre, maïs, blé, etc., avant de le planter en vigne. Les trous qui doivent recevoir les crossettes et les boutures seront faits avec un pieu en fer, dont le bout destiné à faire l'ouverture sera aigu et en forme de fuseau. Ces trous auront environ 40 à 45 centimètres de profondeur, et devront être faits plusieurs jours avant la plantation, afin que l'intérieur puisse se mettre en harmonie avec celle de l'air, condition très favorable à la vie des plants. De plus, si le temps est sec, l'air aura fait fendre les trous intérieurement en plusieurs endroits, ce qui favorisera l'enracinement des plants; s'il a plu, la pluie aura formé au fond du trou un petit réservoir d'eau, dans lequel se sera déposée un peu de terre fine, ce qui favorisera l'enracinement du pivot. Il faut, en outre, émietter de la meilleure terre végétale sèche du même terrain, et l'on en met, y compris celle qu'il y a d'avance, à peu près 15 centimètres au fond de chaque trou avant de planter la crossette ou la bouture. On doit se garder de tasser trop la terre après la plantation, car cet excès de tassement est contraire au travail de la nature et blesse parfois les plants. On finit de remplir les trous avec de la terre végétale sèche, que l'on a soin de tasser un peu, afin de saisir les plants et qu'ils ne se dérangent pas en les labourant; on doit faire ce tassement avec un bâton de 50 à 60 centimètres de long et ayant le bout plan. S'il ne pleut pas immédiatement, on versera sans la pomme de l'arrosoir dans chacun d'eux un litre d'eau au moins; on arrosera de nouveau plus tard, si le temps est trop sec, car l'arrosage est très avantageux à la vigne dans la première année de sa plantation. S'il ne pleuvait pas assez souvent, il serait nécessaire d'arroser tous les huit à dix jours jusque vers la fin d'août. Les crossettes et les boutures étant ainsi plantées doivent être ravalées sur un bouton; elles prennent parfaitement racine dès leurs pivots la première année, sans trop souffrir. La réussite générale et parfaite des crossettes et des boutures dès la première année de leur plantation étant une des principales conséquences pour la régénération de la vigne, il est plus avantageux de ne pas planter une aussi grande quantité de vigne la même année et de la planter mieux. Il serait utile de supprimer les racines et l'ombrage des arbres, qui s'opposent beaucoup à la réussite des plants; ils prennent vie difficilement dans les racines et à l'ombrage.

Néanmoins, si parmi le nombre des trous il s'en trouvait quelques-uns dont le fond serait de terre glaise, d'argile, etc., et qu'ils fussent cimentés par le tassement du pieu avec lequel on les aurait faits, de telle sorte que l'eau ne pût y trouver son écoulement, il arriverait que cette eau croupissante noierait et tuerait le pivot des plants. Si l'on connaissait des trous dans de telles conditions, il serait nécessaire de détasser leur fond en l'élargissant avec une vrille avant d'y planter les crossettes et les boutures.

Si le terrain était trop humide, il serait nécessaire de l'assainir par le drainage avant de le planter en vigne.

Les qualités et la durée de la vigne dépendent souvent du sous-sol. J'ai vu d'excellentes vignes dans des rochers, et sur lesquels il y avait à peine 5 centimètres de terre végétale. Néanmoins, les terrains sont en grande partie propres à la vigne.

La râpe pourrie est préférable à tous autres amendements pour la régénération de la vigne; mais il vaudrait mieux ne pas amender la vigne en la plantant que de l'amender trop, principalement si c'était avec du terreau. Les forts amendements de terreau, de fumier, de purin et d'eau parmi laquelle on aurait démêlé des fientes de volailles bien pourries, sont très favorables à la végétation de la vigne; mais on ne doit les employer que quelques années après sa régénération. L'engrais doit être enfoui dans des fossés de 25 à 30 centimètres environ, entre les rangs de vigne; il est aussi favorable à sa végétation étant parmi la terre végétale labourée. En effet, les racines de la vigne aiment beaucoup la fumaison, mais les crossettes et les boutures ne l'aiment pas; on ne doit même pas arroser les crossettes et les boutures avec du purin; pour quoi, si l'on veut employer la râpe, le fumier et le terreau pour planter la vigne, il faut les mettre au fond des trous ou des fossés et les couvrir d'une couche de terre végétale, de sorte que les crossettes et les boutures doivent toujours être plantées dans la terre végétale sèche, pure, et être arrosées de suite. Il est prudent de n'employer aucun engrais pour planter la vigne, à moins que ce soient des marcottes qui auraient des racines. D'ailleurs, l'engrais n'assainit point les vignes, il ne contribue qu'à leur végétation ; on ne devrait l'employer pour les vignes que lorsque ces dernières ne végètent pas assez. Néanmoins, l'eau rouillée et le sulfate de fer assainissent et vivifient les racines de la vigne et les sarments, et l'huile de noix en exclut les insectes.

Genres de plantations.

Echalassage. — Le meilleur genre est de planter les vignes au trait carré, soit en allées, soit en plein, à 1 mètre en ligne longitudinale droite du sud au nord, et à 1 mètre en ligne verticale droite de l'est à l'ouest, et de les cultiver sur lignes basses et sur souches, c'est-à-dire de diriger leur végétation par des branches à fruit et des branches à bois. Les branches à fruit doivent être attachées horizontalement près de terre avec du vime à une ligne de fil de fer galvanisé ou à de petits échalas. La branche à fruit doit être coupée tous les ans à la taille sèche d'hiver. Les pampres des branches à fruit doivent être pincés au-dessus de leur sixième ou septième feuille et attachés avec des joncs à un cordon en fil de fer galvanisé.

Les pampres de la branche à bois doivent être maintenus verticalement en faisceaux contre le grand échalas, mais ils ne doivent pas être pincés. La branche à bois doit produire chaque année deux principaux sarments : l'un remplacera la branche à fruit que l'on coupe chaque année ; l'autre sarment, taillé au-dessus de deux yeux, deviendra branche à bois et produira les deux sarments nécessaires pour l'année suivante.

Lorsque l'on commence à tailler ces jeunes vignes à quatre ans, on ne laisse à chaque cep que les deux principaux sarments les mieux disposés : l'un doit former la branche à fruit, qui ne doit pas avoir plus de boutons que le cep a de force pour les bien entretenir de séve et les faire fructifier :

on le rogne, on l'abaisse horizontalement et on l'attache avec du vime à une ligne de fil de fer ou à de petits échalas; l'autre sarment sera aussi rogné à deux yeux, pour constituer la branche à bois que l'on attache plus tard au grand échalas.

Quand les vignes sont assez fortes, chaque cep doit avoir deux branches à fruit et deux branches à bois. J'ai planté de la vigne qui a trois ans; chaque cep aurait pu entretenir deux branches à fruit et deux branches à bois. En effet, les ceps de vigne bien régénérés peuvent s'habituer facilement et avantageusement, dès leur jeunesse, à bien entretenir de séve deux branches à bois et deux branches à fruit, que l'on dirige l'une à droite et l'autre à gauche, en ayant soin de ne laisser à ces dernières pas plus de boutons que chaque cep peut produire de sarments capables de bien fructifier.

Les petits échalas ou petits pieux doivent être immobiles jusqu'à ce qu'ils pourrissent ou cassent; ils doivent aussi être imprégnés de sulfate de cuivre et plantés solidement en ligne droite dans le milieu de l'intervalle de chaque cep; ils doivent avoir 50 à 60 centimètres de longueur, être aiguisés à un bout et de l'autre bout avoir la tête plate; on les enfonce de sorte qu'ils ne sortent de terre que de 35 centimètres environ au-dessus du niveau du sol. Leurs têtes ne doivent pas être plus hautes du sol les unes que les autres, et porter à leur sommet un anneau en fer pour attacher le cordon en fil de fer galvanisé.

Les grands échalas sont mobiles et doivent être de 1 mètre 30 centimètres de longueur; ils doivent être fichés solidement pour résister à tous les vents, en ligne droite et vis-à-vis chaque souche pour que l'on puisse y faire grimper et y attacher les pampres de la branche à bois. Voilà le palissage offrant assez de perfection et d'avantage, soit pour la quantité et la qualité du vin, soit pour les labours à la charrue, les engrais, etc.

La distance des ceps en plein dans plusieurs contrées de la Charente était jadis fixée en ligne longitudinale à 1 mètre 50 centimètres, et à 1 mètre en ligne transversale, et ces anciennes vignes à coursons libres se labouraient à bras d'homme. Mais aujourd'hui que nous avons des charrues vigneronnes pour labourer les vignes, les ceps doivent au moins être plantés en ligne droite au trait carré, et être distants en longueur et en largeur de 1 mètre 50 centimètres.

Les ceps doivent être plus rapprochés dans les allées d'un ou deux rangs. Ce dernier mode offre de grands avantages à la vigne, en ce que les allées de champs arables la favorisent beaucoup.

Néanmoins, si l'on veut diriger la végétation des ceps autour d'eux par des coursons libres, comme on fait dans la Charente, les ceps de deux rangs doivent être éloignés de 1 mètre. Si, au contraire, on veut diriger leur végétation d'un ou deux côtés, seulement en ligne droite sur cordon comme des treilles, les ceps d'un ou deux rangs doivent aussi être éloignés de 1 mètre au moins. Les coursons doivent être placés sur les membres de la vigne, à 20 centimètres de distance environ. Les coursons doivent être faits sur des sarments assez vigoureux, les plus rapprochés des membres de la vigne et possédant d'assez gros boutons.

L'expérience prouve que le meilleur genre de plantation à coursons libres, actuellement usité dans la Charente, est de planter les terrains d'une qualité inférieure en allées. On met les ceps plus épais et ne plante que deux rangs de vigne chaque allée, en laissant entre chaque allée de vigne quatre sillons de champs arables qui contiennent ordinairement 3 mètres de large; c'est-à-dire que l'on plante deux sillons sur six, ce qui fait le tiers du terrain en vigne, dont on fixe les ceps en ligne longitudinale à 75 centimètres, et à 75 centimètres en ligne transversale : le sillon ayant 75 centimètres de large, les six sillons ont 4 mètres 50 centimètres de large. Je suppose que les six sillons aient 204 mètres de long, ils formeraient donc une contenance de 9 ares 18 centiares, et pour les planter ainsi en allées de deux rangs, il faudrait 544 crossettes ou boutures; pour planter cette même contenance en plein, les ceps au trait carré, à 1 mètre 50 centimètres de distance, il faudrait 408 crossettes ou boutures. Il en résulte que les terrains inférieurs plantés ainsi en allées de deux rangs contiennent plus de ceps que s'ils étaient plantés en plein et produisent beaucoup plus de vin. Une telle plantation ne peut se labourer qu'à bras d'homme, mais il y a les deux tiers du terrain qu'on peut facilement labourer à la charrue. Néanmoins, si l'on voulait labourer de telles allées de vigne à la charrue, on n'aurait qu'à éloigner seulement les deux rangs de vigne de 1 mètre en les plantant.

On pourrait aussi planter un terrain inférieur en allées d'un rang de vigne à coursons libres, c'est-à dire que chaque cinq sillons de champs on en planterait un en vigne, ce qui ferait le cinquième du terrain. Ce rang de vigne étant favorisé des deux côtés par les allées arables serait très végétable, et les ceps ne devraient être distants que de 75 centimètres. Un tel terrain produirait plus de vin que s'il était planté en plein, les ceps au trait carré, à 1 mètre 50 centimètres. Cependant, si l'on voulait obtenir beaucoup de vin d'un terrain inférieur en qualité planté en plein et au trait carré, à 1 mètre 50 centimètres, il serait nécessaire de pratiquer entre les rangs de vigne des fossés de 25 à 30 centimètres de profondeur et d'y enfouir des engrais après sa régénération.

Pour labourer aisément la vigne à coursons libres, on pourrait encore planter les ceps au trait rectangulaire, distants en longueur de 1 mètre 33 centimètres, et en largeur de 2 mètres. Les jeunes plants de vigne devraient être buttés un peu pendant l'hiver jusqu'à leur troisième année.

Jusqu'à ce que les crossettes soient bien reprises, il faut veiller à ne pas les déranger dans les premiers labours.

On taille la vigne dans le mois de février, ou plus tôt, selon la précocité de l'année ou du climat, mais toujours avant que la séve ne se mette en mouvement; on choisit pour cela un beau temps, le moment où la terre est essorée et un vent du nord. On doit fixer le fruit sur les sarments les plus propices, en suivant la direction de la sève et s'y conformant toujours; si, par contrariété, cette dernière prend une nouvelle direction plus basse et plus avantageuse que la première, ce qui arrive souvent, on ravale les ceps sur la nouvelle direction.

La taille des vignes est indispensable; c'est l'opération principale de leur culture. C'est de la taille que dérive souvent le bon ou le mauvais état du plant, surtout quand il est jeune; aussi doit-elle être conduite avec le plus grand soin et les plus grandes précautions.

Le bois de la vigne est très moelleux, un peu spongieux et poreux, comme on peut s'en convaincre en hiver, quand il n'y a plus de séve, en coupant un jeune sarment transversalement, avec un outil bien tranchant : si l'on examine la coupe, on aperçoit un grand nombre de petits vaisseaux vides, présentant autant de petits trous dans lesquels pourrait entrer la pointe d'une aiguille, et aussi rapprochés que les mailles d'une fine dentelle. La taille de la vigne lui cause toujours des dommages plus ou moins grands, selon la direction de cette culture et selon les rigueurs du temps. Tous les jours on voit les membres des plants souillés de taches rousses ou noires, ou de caries causées par la taille; il arrive même que la séve, pour circuler dans les jets qui se trouvent à l'extrémité des membres, est forcée de se créer un nouveau canal, en ajoutant une nouvelle croissance cylindrique à leur diamètre, ou de prendre une direction plus basse.

C'est aussi en février, et quelques jours avant que la séve ne monte, que l'on doit tailler les jeunes vignes; mais on ne doit les tailler pour la première fois que quand elles sont assez fortes pour donner des sarments capables de produire du fruit. Il est démontré que, pourvu que les sarments ne nuisent pas à la culture d'une jeune vigne, plus on attend pour commencer à la tailler, plus elle prend de force, plus elle est robuste, et moins elle est sensible aux intempéries des saisons; mais à quelque âge qu'on la taille, on doit surtout faire en sorte que le cours de la végétation ne soit pas interrompu. Mieux vaut laisser trop de coursons que pas assez dans les vignes à coursons libres. Il faut enlever le bois sec et les petits sarments inutiles, et rogner les principaux sarments de l'année précédente; enfin, avoir soin que les membres se dirigent convenablement et avantageusement; mais surtout il faut rigoureusement s'abstenir de couper les jeunes plants transversalement entre deux terres, par-dessous les petites touffes de jets, comme le font actuellement beaucoup de vignerons.

Les vignes s'habituent beaucoup mieux dans leur jeunesse à entretenir de séve un grand nombre de coursons, qu'elles ne le sauraient faire dans leur vieillesse. C'est pourquoi il ne faut pas attendre qu'une vigne soit vieille pour la faire développer; elle doit être développée dès son âge adulte, à huit ans.

Il faut considérer que les crossettes, à partir du point de bifurcation (lieu où le sarment est formé et né), forment le corps des ceps, et que les jets que l'on commence à tailler sont leurs membres; on doit veiller à les endommager le moins possible, surtout dès leur début. Néanmoins, si l'on veut commencer à tailler les jeunes vignes dès la seconde année de leur plantation, il faut supprimer les bourgeons seulement avec la serpette, à l'exception d'un certain nombre qu'on peut juger convenables pour diriger la force des ceps.

Les vignes étant ainsi élevées dans toute leur force naturelle, il est évident qu'on ne peut éviter de leur faire d'assez larges plaies en les taillant, en ce qu'elles poussent très vigoureusement; mais comme on s'est abstenu, dans leur jeunesse, de leur faire de fortes blessures, le corps des ceps, leurs racines et le début de leurs membres étant très sains et vigoureux, elles se rétablissent toujours assez de la taille. Néanmoins, si les sarments étaient trop gros et trop longs, il serait prudent de diviser davantage la force des ceps.

Pourtant, si ce n'était que de la propreté de la taille, il entrerait dans la conservation de la vigne d'éloigner autant que possible les coupes des parties végétables, de ne point ouvrir les anciennes plaies et de laisser les bouts invégétables des anciens coursons. Il est vrai que les membres de la vigne seraient d'abord bien mal polis; mais par la longueur du temps ils finiraient par se polir naturellement, et la vigne serait plus saine.

Les procédés indiqués dans le présent mémoire sont propres à prévenir la dégénération en question ou à en arrêter la marche.

La maladie dont je viens de parler n'est pas la seule qui puisse attaquer la vigne, il y a aussi l'oïdium, qui ne doit pas lui être comparé; car la mauvaise taille occasionne la dégénération, qui attaque principalement les jeunes vignes et tient au mauvais traitement qu'on leur fait subir, tandis que l'oïdium attaque la vigne à tout âge et tient à des causes naturelles.

L'oïdium est engendré par les variations subites et malsaines de la température, telles que des excès d'humidité et de fraîcheur, ainsi que des excès de chaleur, qui se succèdent alternativement et soudainement pendant la végétation de l'été. La constance de la température convient à la vigne; ainsi, un froid sain et persistant pendant l'hiver, des chaleurs de longue durée pendant l'été, sont favorables à la vigne.

Les substances les plus échauffantes et les plus altérantes, telles que le soufre, le goudron, la résine, le camphre, la chaux vive, etc., sont efficaces contre l'oïdium; mais le moyen de le prévenir, c'est d'empêcher les vignes de monter, de les tenir le plus près possible du sol, de les préserver de tout ombrage et de les pincer; en outre, les vignes peu élevées produisent les meilleurs raisins, pourvu qu'ils ne touchent pas la terre. C'est ainsi que, dans nos contrées, les vignes en plein champ, qui toutes s'élèvent fort peu au-dessus du sol, ne sont presque pas attaquées de cette contagion, tandis que nos treilles le sont toutes, de même que les vignes des contrées où on les laisse monter.

De plus, je crois que pour préserver la vigne contre l'oïdium, c'est avant de faire raciner les plants de les laisser tremper pendant deux jours dans de l'eau rouillée, sulfatée, camphrée et soufrée, ou dans de l'eau contenant un peu d'eau-de-vie ou de vin, des acides de vin, du raivin, etc. En outre, je crois que ces liquides sont aussi des préservatifs pour la vigne contre l'oïdium, en les employant pour arroser la première fois les plants de vigne après les avoir plantés. Voilà de nouveaux procédés que je médite et apprécie, et qui sont les seuls de mon ouvrage dont je n'ai pas encore éprouvé les résultats.

Néanmoins, si l'on craignait la maladie, on devrait semer vers la mi-mai, le long des lignes de vignes, 22 kilogrammes environ de fleur de soufre par hectare, mettre 2 grammes de sulfate de fer au pied de chaque cep, et pincer leurs tiges.

L'expérience prouve que l'huile de noix, qui est excellente pour les plaies humaines toutes récentes, l'est aussi dans plusieurs cas pour les végétaux ; elle l'est aussi pour la destruction des chenilles, des vers, des teignes, etc. La laitance de chaux vive est également bonne pour la destruction de plusieurs insectes.

Jusqu'à présent, je n'ai parlé de la régénération des vignes que par la plantation des crossettes, boutures, marcottes, etc. Il y a d'autres moyens : elle peut s'opérer également par les pépins. Cette manière réussit très bien pour la durée, en ce que le germe formant le jeune cep est dépourvu de toute attaque; mais on risque d'avoir des variétés dans les espèces, parce que les étamines sont souvent dérangées par les insectes ; de plus, leur fructification est tardive. Ajoutons que l'extrême délicatesse du plant à sa naissance exigeant les plus grandes précautions dans sa culture, on s'expose, en opérant par les pépins, à n'avoir que des vignes vierges, qu'il serait avantageux de féconder par la greffe.

Je dirai, toutefois, que pour régénérer les végétaux par leurs pépins ou leurs noyaux, il est essentiel d'attendre leur complète maturité avant de les cueillir, de laisser le fruit sécher sur les pépins ou noyaux, ce qui donne la qualité à l'espèce, et, si on le peut, de planter les fruits avec leurs pépins ou noyaux. De cette manière, il n'y a presque pas de variétés dans les espèces.

Les terrains défoncés et amendés, les carrières remblayées sont très favorables à la végétation de la vigne. Quand on la plante dans ces conditions, on peut obtenir des avantages presque équivalents en pratiquant des fossés d'environ 25 centimètres de largeur et de 40 à 50 centimètres de profondeur, qu'on laisse ouverts pendant quelques jours, afin qu'ils puissent s'imprégner des sels de l'air en s'harmoniant avec la température, et qu'ils soient arrosés par la pluie. On ajoute au fond 15 centimètres environ de terre végétale, et l'on y plante, en les inclinant vers le pivot et en laissant un bouton au-dessus de la surface de la terre, des sarments d'un mètre de longueur environ, que l'on a fait élaborer auparavant comme les crossettes et les boutures dont nous parlons plus haut, avec des pivots bien fixés et bien apparents, en rayons, et l'on finit de remplir les fossés par une autre couche de terre végétale. Si l'on emploie de l'engrais pour cette plantation, il faut le mettre au fond du fossé et planter entre deux couches de terre végétale sèche et arroser de suite. On doit s'abstenir, en plantant ces sarments presque entiers, de les couder trop court, car une pareille arqueure les contrarirait de telle sorte, que des crossettes et boutures plantées droites, dans leur direction naturelle, seraient préférables. Cette méthode offre des avantages, en ce que les sarments, prenant racine à un grand nombre de mamelons, fournissent une quantité de séve capable d'entretenir un grand développement. On commence à les tailler comme les crossettes et les boutures. Cette plantation se fait aux mêmes époques que ces dernières.

On peut encore planter verticalement dans ces fossés, préparés comme nous venons de le dire, des crossettes ou des boutures élaborées à la végétation ou non préparées; si elles sont élaborées, il ne faut pas les butter en les plantant; mais si elles ne sont pas élaborées, il faut qu'elles soient entièrement buttées jusqu'à leur végétation.

On peut aussi planter dans ces mêmes fossés des plants enracinés qu'on obtient par des crossettes ou des boutures en pépinière. Cette dernière plantation doit avoir lieu aux mois de novembre, décembre ou février, par un vent du nord et une terre essorée, s'il est possible.

On peut encore planter aux mêmes époques et dans les mêmes conditions de temps et de terre que la plantation précédente des marcottes ou chevelures bien racinées, qu'on obtient en enfonçant dans la terre végétale des sarments non détachés du cep. Si ces sarments sont de la même année, ils doivent être enfouis au mois de juin ; mais s'ils sont de l'année précédente, on doit les enfouir dès le mois d'avril ou de mai. Ces marcottes doivent être bien saines et leurs pivots fixés à l'articulation de la moelle, comme les boutures ; elles ne souffrent pas autant que les crossettes et les boutures pour les planter, parce qu'elles sont favorisées par leurs racines dès leur plantation, qui est souvent avantageuse.

Cette plantation de marcottes peut se faire avec des engrais, tels que de la râpe pourrie, qu'on place dessous la plantation. On commence à les tailler comme les crossettes et les boutures.

Les crossettes, les boutures, les plants enracinés et les chevelures doivent être rabattus sur un œil après la plantation.

La manière de faire raciner des sarments avant de les détacher du cep est très simple : on couche le sarment dans la terre, en ayant soin de laisser sortir l'extrémité opposée au cep; quant à celle qui y est attachée, elle est naturellement hors de terre. Le sarment étant ainsi disposé, on couvre sa partie centrale de terre végétale, plutôt sèche que trop humide, prise sur la surface même du terrain, et on laisse faire la nature.

Ravalement et Provignage.

Le ravalement consiste à rabaisser les ceps trop élevés, en remplaçant ceux qui manquent par ces mêmes ceps. On couche les ceps de vigne dans des fosses d'une grandeur proportionnée à chaque cep et aussi profondes que le pied des ceps ; on dirige dans de petits fossés de 20 centimètres environ de profondeur un nombre nécessaire de leurs principaux sarments qu'on couvre de terre végétale, en les faisant ressortir au lieu désigné. On rogne ces sarments à deux ou trois boutons, selon l'espèce et la force des ceps. Ce genre de culture se pratique généralement dans quelques pays avec succès.

Néanmoins, il vaudrait mieux renouveler la vigne par de nouveaux plants que de la ravaler. On arrache la vigne qu'on veut renouveler. Si ce sont des allées, on replante de suite dans les allées de champ, s'il est possible, en ayant soin de les bien préparer avant; si c'est de la vigne en plein, dont le terrain est souvent trop épuisé de culture et d'engrais, on y transporte des terres au printemps, ainsi que des engrais consommés, qu'on mélange avec la terre par un profond et parfait labour, et l'on y plante deux ans après.

Si l'on veut laisser reposer le terrain pendant quatre à cinq ans avant de le replanter, il faut l'occuper par un sainfoin, une luzerne, etc. Après ce sainfoin, on le cultive encore quelques années en maïs, pommes de terre, blé, etc., avant de le replanter en vigne.

Quant au remplacement des ceps manquants, il doit s'opérer par des marcottes, des plants enracinés ou des provins; mais les marcottes et les plants enracinés sont préférables.

Les provins qui sont faits par des sarments n'offrent que peu de garantie de succès, à moins qu'ils ne soient faits avec les plus grands soins. Il est préférable d'opérer le provignage par les sarments d'une jeune vigne que par les sarments d'une vieille, et les sarments qui dérivent du pied des ceps sont les meilleurs et doivent être enfouis d'un bout à l'autre. Les provins de sarments non détachés altèrent et détruisent le cep dont ils sont tirés, et une fois ce cep mort, ils réussissent rarement, en ce qu'ils sont souvent créés par des bouts de sarments trop jeunes et trop moelleux, manquant de consistance et de vitalité.

Néanmoins, si l'on s'aperçoit, au bout de deux ou trois ans, que le provin altère trop le cep d'où il sort, on doit détacher le sarment au point où il adhère au cep et on l'enfouit complétement. Il en résulte que le provignage n'offre pas assez d'avantages.

La greffe de la vigne, qui est d'un assez bon effet, se pratique comme celle des arbres, mais entre deux terres, dans la dernière quinzaine de mars, sur des ceps ordinairement infructueux, mais vigoureux. Le mastic le plus gras et le plus rafraîchissant est celui que l'on doit employer. Beaucoup de personnes emploient l'argile. Aussitôt que la greffe de la vigne est faite, on la butte entièrement, et l'on ne commence à la débutter qu'au bout d'un an, puis on la taille selon l'espèce.

La greffe nous offre plusieurs avantages. Ainsi, le balzac noir, qui est une des principales espèces de raisins pour le vin rouge, et qui ne réussit que dans les meilleurs terrains vignobles, peut s'obtenir avec le secours de la greffe dans les vignobles inférieurs.

Tout vigneron doit savoir que le nombre moyen de boutons à laisser à la vigne, à chaque courson libre, quand on la taille, est de deux et le stipulaire pour le balzac noir comme pour le balzac blanc, trois pour la folle blanche et le pineau noir et blanc, et souvent quatre pour le saint-pierre, le bouillaud, la daune, le sauvignon, le colombar, etc.

Ainsi, un cep de balzac noir qui ne peut produire que deux sarments assez vigoureux pour porter du fruit doit avoir un courson de deux boutons et le stipulaire; celui qui est assez fort pour produire trois sarments fructifères doit avoir deux coursons, l'un ayant deux boutons et le stipulaire, et l'autre un seul; enfin, ceux qui peuvent produire quatre sarments doivent avoir deux coursons de deux boutons chacun et le stipulaire, et ainsi de suite. Il en est de même proportionnellement pour les autres espèces.

Il faut avoir le soin, en taillant la vigne, de supprimer

nettement avec la serpette les petits sarments inutiles et les amas de bois noueux qui croissent souvent le long des membres, et qui absorbent une certaine quantité de séve inutilement.

On doit connaître à peu de chose près, par la forme des boutons, le nombre et la grosseur des raisins que chacun d'eux produira. Le balzac noir n'en produit quelquefois qu'un, mais il en donne souvent deux; les autres espèces en produisent deux et quelquefois trois. Il y a, dans toutes les espèces, certains boutons qui ne donnent quelquefois pas de raisin. Du reste, la quantité du fruit dépend de la fécondité des années et comme le temps se comporte lorsque la vigne commence à pousser. C'est pourquoi, en taillant la vigne, on ne peut évaluer qu'approximativement le nombre et la grosseur des raisins qu'elle donnera.

Le moyen de faire fructifier la vigne avec excès n'est pas, comme le pensent la plus grande partie des vignerons, de doubler les coursons et les boutons, ni de laisser autant de coursons qu'il y a de sarments, ce qu'ils appellent tailler à mort. Ce traitement est erroné et ne contribue pas à la mortalité de la vigne; seulement, la force de végétation étant trop divisée, le cep ne donne que de faibles sarments et de petits raisins d'une saveur acide. Ce que l'on doit faire, c'est de laisser seulement un bouton de plus que le nombre moyen aux espèces qui en exigent deux, et deux aux autres espèces. Si l'on veut, au contraire, restreindre la production, on retranchera des boutons dans la proportion que je viens d'indiquer.

Le mieux est d'entretenir toujours le nombre moyen des boutons qu'on doit laisser à la vigne, et de favoriser sa végétation par de fréquents labours et des engrais; car si on la fait fructifier une année avec excès, on l'épuise, et l'année suivante elle ne rapporte pas autant que les années précédentes, à moins que l'on ne combatte l'épuisement par un bon amendement.

Le pinçage pour des vignes d'ordre, qui contribue à diriger la séve au profit des raisins, ne doit se pratiquer que sur les pampres des branches à fruit, au-dessus de la sixième ou septième feuille ; les branches à bois doivent être exceptées.

Il serait avantageux de passer dans les vignes au mois de mai et de faire tomber les petits sarments inutiles et infructueux, qui absorbent une certaine quantité de séve ; cette dernière passerait alors au profit des sarments utiles et fructifères.

L'épamprement de la vigne doit se pratiquer par un temps doux et couvert, et dans une terre plutôt sèche que trop humide. Les raisins des principaux sarments bien aoûtés sont plus doux, plus savoureux et plus alcooliques que ceux des petits sarments non aoûtés.

Après que l'on a pincé et épampré les vignes d'ordre, on accole leurs principaux pampres avec des joncs aux grands échalas, afin de les soustraire au danger des vents et d'appeler plus efficacement la séve en leur faisant prendre une direction verticale.

De tout ce que je viens de dire et des expériences qui le confirment, il faut conclure que les indications consignées dans ce mémoire sont efficaces pour bien régénérer les vignes et s'opposer à leur future dégénérescence.

Espérons, pour le salut de nos contrées viticoles, que lorsque les vignerons en auront éprouvé les bons résultats, ils adopteront la culture que je viens d'exposer. On ne saurait donner trop de soins à la régénération de la vigne, le bénéfice que l'on en retire paie bien les frais du travail.

On peut accélérer la croissance d'une vigne régénérée par les moyens ci-dessus indiqués ; on peut, par de bonnes terres rapportées, par des engrais, par de fréquents labours, la faire fructifier autant que possible, sans nuire à sa nature, parce qu'elle est pleine de vigueur et de vie.

On doit labourer la vigne assez souvent pour qu'elle soit toujours dégagée des herbes qui absorbent les sucs de la terre ; les labours doivent être faits à bras d'homme ou par des charrues vigneronnes, à environ 8 centimètres de profondeur et dans une terre plutôt sèche que trop humide.

D'ailleurs, de quelque manière qu'on laboure la vigne, on doit faire attention de la blesser le moins possible ; car, quelles que soient les blessures, elles lui causent toujours de graves préjudices.

Les gelées blanches du printemps occasionnent souvent de grands torts aux vignes On pourrait combattre jusqu'à un certain point ce fléau en répandant, la veille de la gelée, sur les bourgeons de la vigne, des poudres de chaux vive ou de plâtre cuit; on pourrait encore enterrer avant la pousse des vignes un sarment des plus bas à chaque cep de vigne; après les gelées on sortirait ces sarments de dessous la terre et on les dresserait à leurs ceps ; n'étant pas gelés ils rapporteraient du vin. On pourrait encore attendre en arrière-saison à tailler la vigne à coursons libres, si l'on craignait les gelées ; mais ce procédé ferait perdre beaucoup de séve aux vignes ; de plus, tailler la vigne à coursons libres plus longs qu'à l'ordinaire ; si les premiers boutons gelaient, on aurait encore les autres.

On pourrait encore employer des paillassons pour préserver les vignes des gelées blanches de printemps et d'automne, et pour éviter la coulure des fleurs et la pourriture des raisins.

De l'Oïdium et des Maladies contagieuses des Végétaux.

L'oïdium, la maladie des pommes de terre, les autres contagions qui attaquent les végétaux sont dus à des excès d'humidité et de fraîcheur, à des brouillards froids et épais, à ces temps couverts d'où s'échappent les frissons et auxquels succèdent parfois subitement de brûlantes chaleurs pendant la végétation estivale. Aussi est-ce dans les mois de juillet, août et septembre, pendant que les jours diminuent, que ces maladies sont dans toute leur force, parce que la terre et les végétaux sont épuisés par la production et les variations de température. Ces variations subites tiennent à des causes secrètes contre lesquelles nous ne pouvons lutter.

Les variations subites de température, qui causent des refroidissements mortels pour certains végétaux, amènent souvent des échauffements funestes aux blés, qui en meurent quelquefois ; à quelques ceps de vignes, aux pommes de terre, aux raisins, dont elles font tomber un grand nombre de grains avant leur maturité.

Les refroidissements épidémiques se font sentir principalement dans les terrains les plus faibles et sur les végétaux les plus dégénérés. Les échauffements causent souvent de la surprise aux propriétaires, qui se demandent comment les chaleurs ont pu causer tant de maux dans des années humides et durant lesquelles il a beaucoup plu. Mais ces pluies n'ont pas été de longue durée; elles ont été interrompues par de grandes chaleurs. Voilà la cause du mal. Il ne faut qu'un passage soudain du froid au chaud et du chaud au froid, pendant la végétation d'été, pour causer de grands dommages aux fruits et aux végétaux les plus sensibles.

Les chaleurs et les pluies sont très favorables aux végétaux quand elles arrivent à propos, qu'elles ne sont pas excessives et qu'elles se succèdent lentement.

Pendant l'hiver, un froid constant, sans excès, avec un vent du nord et un ciel serein, est favorable aux plantes. Pareillement, pendant l'été, une chaleur constante, sans excès, calmée par de petits vents frais du nord ayant quelque durée et sous un ciel serein, leur est également favorable. Ce sont là des temps qui n'engendrent aucune maladie. Loin de là, ils purifient la terre et ce qu'elle nourrit. S'il y a des végétaux qui meurent par ces temps favorables, c'est qu'ils sont épuisés ou plantés dans des terrains absolument trop faibles.

Les sarments jeunes et tendres sont, il est vrai, très sensibles au printemps, dans les premiers jours de leur végétation; mais à cette époque les épidémies ne sont pas à craindre, parce que l'air n'a pas encore été vicié par les successions soudaines et souvent réitérées de chaleurs et de fraîcheurs. Ajoutons que la terre et la vigne, reposées et assainies par l'hiver et favorisées par la belle saison, sont dans toute leur vigueur.

Manière de faire le Vin.

Je terminerai cet exposé des méthodes à employer pour la régénération de la vigne et des moyens de la préserver des maladies contagieuses, par un rapide aperçu sur la manière de faire le vin.

Pour faire le bon vin rouge, il faut du pineau noir, du balzac noir et du maroquin, le tout mêlé; et pour conserver les qualités de ce vin rouge, il faut y ajouter à peu près un huitième de vin blanc, extrait de folle blanche, pineau blanc, balzac blanc et colombar. Ce sont ces quatres dernières espèces qui font aussi le meilleur vin blanc. Le muscat, la daune et le sauvignon sont des raisins de table qui ne font pas de bon vin.

Et d'abord je dirai que le raisin rend plus ou moins, selon les années : celui qui est venu par la chaleur fournit plus de vin et est de meilleure qualité que celui venu par des temps humides. Il vaut mieux que le raisin soit trop mûr que pas assez ; en outre, il est préférable, non-seulement pour la qualité, mais aussi pour la stabilité et la netteté du vin, que la peau du raisin soit ridée par les chaleurs que si elle était pourrie par la pluie ; car, étant corrompue, elle se décompose et se broie en bouillant ; ce qui rend le vin bilieux. Les chaleurs mettent cette lie en mouvement, ce qui fait rebouillir le vin. L'expérience démontre que c'est la peau du raisin qui teint le vin ; car on peut faire du vin blanc avec du raisin noir, quand on le pressure sans le laisser bouillir avec sa râpe ou qu'on le fait bouillir avec de la râpe blanche ; et si l'on fait bouillir du jus de raisin blanc avec du raisin noir, on a du vin rouge. Il vaudrait mieux pour la couleur du vin ne pas mêler le raisin blanc avec le noir ; mais si l'on veut mettre le blanc et le noir dans la même cuve, il est avantageux de mettre le noir au fond de la cuve et le blanc par-dessus ; le jus de ce dernier bouillant davantage avec la râpe noire qu'avec la blanche, on obtient ainsi une couleur plus foncée.

Une cuvée de vendange pour le vin rouge peut être remplie en un ou plusieurs jours, pourvu que l'on ne passe pas deux ou trois jours de suite sans y mettre de vendange, en ce que celle de dessus aigrirait. C'est-à-dire que lorsque l'on a commencé à mettre de la vendange dans une cuve pour faire du vin rouge, il faut en mettre tous les jours et l'aplanir chaque soir jusqu'à ce qu'elle soit pleine. J'ai vu des cuves qui n'ont été remplies que dans un intervalle de douze à quinze jours, et qui ont cependant rendu d'excellent vin rouge qui s'est très bien conservé. L'alcool conserve le vin, ce que fait aussi la verdeur des raisins.

Mais il vaudrait mieux conserver le vin par l'alcool que par la verdeur.

Il serait aussi nécessaire pour la qualité et la conservation du vin que ce dernier bouillerait et fermenterait dans des cuves presque closes, destinées à cet effet ; aussitôt pleines de vendange, elles devront être fermées, à l'exception d'une bonde ordinaire à la cime, qu'on fermerait aussi dès que la grande agitation du vin serait passée. L'air est toujours préjudiciable au vin et à la râpe.

Il ne faut pas laisser cuver le vin rouge trop longtemps, parce qu'il risquerait de devenir âcre, aigrelet. Le vin rouge de haute fermentation est fait dès qu'il a fini de bouillir et qu'il est froid.

Après que le vin est tiré, on presse la râfle et l'on en tire encore un peu de deuxième vin, inférieur au premier, ou l'on met de l'eau sur cette râpe, sans la presser, pour en faire du raivin. Si l'on veut que ce dernier soit doux, il ne faut pas que l'eau atteigne la râpe chaude de la cime; si l'on veut faire du raivin aigrelet, qui est sujet de se conserver mieux que le raivin doux, il faut mettre de l'eau sur la râfle jusqu'à ce qu'elle atteigne un peu la râfle chaude de la cime, c'est-à-dire la râfle aigre.

Le vin blanc ne doit pas bouillir avec sa râfle; aussitôt que les raisins sont ramassés, on les foule bien, on en tire le moût qui est le supérieur, et on le met dans des tonneaux où il bouille et fermente seul. Quand ces raisins bien foulés sont égouttés on les presse, et le deuxième moût, qui est inférieur au premier, sert à faire des boissons, ou on le fait brûler pour faire des eaux-de-vie. Plus les raisins sont mûrs, plus ils font d'eau-de-vie et en meilleure qualité; les raisins qui ne sont pas assez mûrs font peu d'eau-de-vie et en mauvaise qualité.

Pour conserver longtemps les qualités naturelles du vin, il ne faut pas le laisser toujours dans la même lie ; il s'agit, dès la sortie de la cuve, de le mettre dans des tonneaux d'une bonne odeur et lavés très proprement ; au bout de six mois, on le tire clairement et on le met une seconde fois dans des tonneaux de bon goût et bien nettoyés; au bout de six autres mois, on le tire clairement et on le met une troisième fois dans des tonneaux propres; on le fouette immédiatement, on le laisse bien poser, on le tire clairement et on le met dans des cruches hermétiquement closes ou des bouteilles, et on l'ensable, en ayant soin d'incliner les bouteilles ou les cruches de manière que le vin couvre le bouchon à l'intérieur. Toutes ces opérations doivent être faites dans les mois d'avril et mai, par un vent du nord et sous un ciel serein.

Replantation des Arbres.

C'est au mois de novembre, par un beau temps, un vent du nord, s'il est possible, et dans une terre essorée qu'il convient de replanter les arbres. Dans cette saison, la végétation des arbres replantés a le temps de s'élaborer avant que la séve ne se mette en mouvement; la terre a encore un peu de chaleur, dont les bienfaits se répandent dans les racines; celles-ci ont le temps de se remplir de séve avant les grands froids, et sont bien préparées pour la prochaine végétation.

Il est contre nature de planter les arbres trop avant dans la terre, car il faut, avant tout, que leurs racines soient dans la terre végétale. Si les végétaux se nourrissent des sucs de la terre, ils vivent aussi de l'air, des rayons du soleil et de la lumière. Les arbres qui croissent naturellement, sans avoir été plantés, et dont les racines se trouvent à la surface du sol, sont un exemple frappant de ce que je dis : ils profitent plus que ceux qui ont été plantés profondément et se développent plus rapidement.

Il existe des terrains très chargés de sucs nourriciers; il semblerait que des arbres plantés profondément dans un pareil sol devraient beaucoup profiter; il n'en est rien cependant la plupart du temps. On peut en quelque sorte comparer les fonctions des racines, chargées d'élaborer la nourriture des végétaux, à celles de l'estomac, qui élabore les aliments des animaux. Or, de même que chez ceux-ci les excès de nourriture sont plus nuisibles que l'insuffisance, de même chez certains végétaux l'excès de terres nutritives sur les racines retarde leur développement. Remarquez que les plus gros arbres ont leurs racines à fleur de terre. Toutefois, la croissance des arbres, comme celle de tous les autres végétaux, dépend surtout de la nature du terrain dans lequel ils sont plantés. Néanmoins, les terrains défoncés et amendés leur sont très favorables, en ce que cet excès de nourriture se trouve pardessous les racines.

De la manière de replanter les arbres dépend le succès de l'opération. Il ne faut pas attendre pour replanter un arbre qu'il soit trop gros ou trop âgé. Il faut, quand on l'arrache, avoir soin de blesser le moins possible ses racines. Il importe, pour qu'il ne souffre pas des injures de l'air, de le replanter immédiatement dans un trou fait assez à l'avance pour qu'il ait eu le temps de recevoir de la pluie et de se mettre en harmonie avec la température de la surface du sol; les racines doivent être placées entre deux couches de terre végétale de 15 centimètres chacune environ. Les arbres ainsi replantés ne souffrent presque pas de leur changement de place.

Les végétaux n'aiment pas l'ombrage; mais il y a des abris qui les protégent de certaines froidures et favorisent la précocité de leur végétation et celle de la maturité de leurs fruits.

La taille des arbres a pour but de leur donner certaines formes élégantes et agréables, de les obliger à fructifier et à diriger une grande partie de leur séve au profit de leurs fruits.

Les différents procédés de greffe étant généralement connus, je n'ai pas besoin de les indiquer; seulement, je dirai que l'huile de noix et la cire d'abeilles, mélangées avec du goudron, sont excellentes pour entourer et protéger les greffes.

Régénération des Terres. — Perfection des Labours. — Temps et Saisons qui leur conviennent.

Il est évident que plus on cultive sans intelligence et sans précaution une terre quelconque, plus elle s'épuise et dégénère. Il importe donc de la régénérer par le repos et par des labours habilement dirigés et pouvant lui conserver ses qualités naturelles.

Une terre épuisée de culture et d'engrais est dégénérée, stérile, lourde et se tasse d'elle-même. Il lui faut du repos et de l'engrais : le premier l'assainit, l'ameublit et la fertilise; le second augmente encore sa fertilité. Le repos et l'engrais suffisent donc à la régénération de la terre ; mais cela demande quelques années. Pendant ce temps, si l'on ne veut pas éprouver de pertes de produits, on la cultive en sainfoin, en luzerne, en trèfle, etc. Ce ne sont pas les produits qui épuisent le plus la terre, c'est la mauvaise culture.

Une terre convenablement reposée est animée, saine, fertile, légère et se relève d'elle-même; en sorte qu'il semble qu'elle demande à produire. La bonne terre, en effet, se tient toujours à la surface du sol, et si on la recouvre d'une couche de mauvaise terre, elle finit avec le temps par se retrouver en dessus, sans le secours de l'homme.

Le travail des vers de terre, qui se nourrissent d'engrais, ou de la meilleure terre où ils habitent, quand l'engrais leur manque, facilite cette opération ; aussi se multiplient-ils plus rapidement et avec plus de succès dans un bon terrain que dans un mauvais. Ils amoncellent aussi sur leur trous des feuilles sèches qui sont tombées, et ils les font pourrir en les humectant et les pressant, afin de s'en nourrir quand ils n'ont pas d'engrais, et ils transportent toujours leurs excréments à la surface de la terre. C'est encore par leur travail qu'ils parviennent peu à peu à butter le sol trop humide de certains prés, afin de se débarrasser de l'eau en se tenant dans ces buttes. Ils ont un ennemi dans la taupe, qui ne manque pas de les manger quand elle peut les attraper; c'est pour cela que les meilleures terres et les meilleurs prés et les mieux fumés sont plus tôt ravagés par les taupes que les autres. On prend les taupes avec des pioches en les veillant, ou avec des taupières en fer ou en bois.

Quand on a régénéré une terre par le procédé indiqué, il faut la cultiver avec soin, de manière à lui faire perdre le moins possible de ses qualités. Ce qui est bon pour elle l'est aussi pour les végétaux, puisque c'est d'elle qu'ils tirent leur nourriture. Or, la conservation des qualités de la terre dépend en partie des labours et des saisons où on les fait.

Il n'y a rien de plus pernicieux pour la terre que de la labourer quand elle est trop humide, que le temps est pluvieux, ou bien aussi quand le sol est gelé. Le labourage en automne et en hiver est donc dangereux pour les qualités végétatives de la terre. Ces deux saisons doivent être consacrées à son repos. On devrait même commencer à la laisser reposer dès le milieu de l'été, à moins que l'on n'ait des semailles à faire.

On ne doit pas non plus labourer la terre sèche lorsque la pluie ne l'a encore pénétrée qu'à moitié de la profondeur à laquelle on la laboure ordinairement, ce qui la détériore et nuit aux céréales qui doivent s'en nourrir.

C'est une imprudence de retourner trop la terre sens dessus dessous en labourant, surtout lorsqu'on la laboure trop profondément et qu'elle ne contient pas d'herbe; un tel labour est contre nature et nuit aux céréales; il faut labourer pêle-mêle la terre végétale. Il n'y a que lorsque la terre contient des herbes qu'on la retourne sens dessus dessous en labourant, afin de les faire mourir.

Il n'y a pas de labours plus favorables à la conservation des qualités de la terre que ceux faits au printemps, sous un ciel serein et par un vent du nord, quand la terre est sèche. Un labour donné dans ces circonstances ameublit le terrain et favorise la végétation des plantes qui doivent l'occuper et s'y nourrir.

En résumé, toutes les opérations de culture, les labours, la taille de la vigne, l'élagage des arbres, les plantations, les semailles, etc., doivent être faites avec prudence, par un beau temps, une terre essorée, et, s'il est possible, par un vent du nord, parce que, dans ces conditions, les végétaux et la terre elle-même sont moins sensibles à la température.

Les mêmes conditions doivent être observées pour la conservation du bois, quand on le coupe ou qu'on l'arrache, soit pour en faire du bois de construction ou du bois de chauffage.

Pendant l'hiver, quand la terre est au repos, les gelées l'ameublissent, et la chaleur produit le même effet quand on laboure pendant la belle saison. Ajoutons, pour terminer, que le transport des terres pendant la belle saison est très favorable à la végétation, et que la chaux et la terre brûlée ameublissent et fertilisent les terrains humides et froids, et que la marne rafraîchit, engraisse et fertilise les terrains maigres et altérés. En outre, les terrains argileux, compactes et sans pores peuvent être aussi ameublis et fertilisés en y mélangeant des sables. Ces différents amendements sont favorables à la vigne, aux céréales, etc.

Je terminerai ce chapitre en disant qu'en suivant les indications qu'il contient, on peut être sûr de régénérer et fertiliser convenablement les terres et de conserver leurs qualités, ce à quoi contribuent puissamment le repos, la perfection des labours et l'engrais.

Régénération des Pommes de terre et des Céréales.

Je ne rechercherai pas ici, parmi les différentes variétés de terrains, celles qui conviennent le mieux à chaque espèce de plantes, car la température a souvent plus de part à la réussite des plantations que la nature du terrain dans lequel elles sont faites. Si le temps est légèrement pluvieux, il fertilise les terrains secs et nuit à ceux qui sont humides; dans le cas opposé, le contraire aura lieu. En tout temps, la sécheresse est souvent préférable à la pluie, par la raison que la chaleur assainit tout et favorise la floraison des végétaux, tandis que les pluies excessives corrompent tout et font avorter les fleurs.

Plusieurs espèces de terrains sont propres à la végétation des pommes de terre, qui nous viennent du Brésil (Amérique du Sud). Les terrains légers, reposés et engraissés sont les plus favorables; ceux qui leur sont contraires sont les terrains humides et marécageux, ainsi que ceux argileux, compactes et sans pores.

Pour bien régénérer les pommes de terre, il faut choisir avec soin la semence au moment même de la récolte. On doit prendre de préférence les tubercules dépendant des pieds les plus sains et les plus vigoureux parvenus à leur entière maturité et n'en ayant pas produit d'autres. Il faut préférer celles qui ont de gros germes ou qui ont apparence d'en avoir, car celles qui n'ont pas de germes à la saison de les planter, ou qui n'en ont que de très petits, sont susceptibles d'être stériles.

Les pommes de terre Saint-Jean sont souvent préférables, en ce qu'étant plus hâtives, elles sont mûres dès l'été, et la maladie n'y a pas autant de prise que dans les jaunes communes.

Le choix ainsi fait, on les plante en première saison, par un beau temps, un vent du nord, s'il est possible, dans un terrain bien meuble, plutôt sec qu'humide et défoncé par un labour profond et parfait, afin de détruire les herbes. Si l'on craint qu'un excès de fraîcheur ou d'humidité ne leur fasse tort, on ajoute au pied de chaque tubercule, en le plantant, des substances siccatives. Quand les pommes de terre sont poussées, on leur donne, selon que l'herbe domine, deux ou trois légers labours à bras d'homme ou à la charrue, en ayant soin de ne pas trop les butter, et toujours en beau temps, autant que possible, et quand la terre est essorée. Ces labours doivent être légers pour ne pas atteindre les racines, et ils doivent être terminés vers le milieu de juillet, parce que les labours de l'arrière-saison épuisent la terre, tandis que ceux de la première l'améliorent. Les pommes de terre étant ainsi traitées résistent aux temps les plus contraires, à moins qu'ils ne se prolongent avec excès.

On récolte les pommes de terre dans la première saison, si elles sont mûres, et l'on a soin de choisir pour cela un beau temps et un vent du nord, s'il est possible, et d'attendre que la terre soit essorée, afin qu'elles soient sèches quand on les rentre. Si l'on craint qu'elles ne se gâtent par suite d'un excès de fraîcheur ou d'humidité, on les place dans un appartement bien sec, entre des couches de plâtre cuit et moulu ou de sable sec.

On sème le maïs au mois d'avril, en beau temps et dans une terre plutôt sèche que trop humide; mais il n'exige pas, comme les pommes de terre, un terrain très meuble. Pourvu que la terre soit assez fertile, que les tiges soient assez aérées, que, suivant l'abondance de l'herbe, on lui donne deux ou trois légers labours, sans trop le butter, avant le mois d'août, en beau temps et quand la terre est essorée, on peut être sûr de réussir. Le maïs jaune, assez robuste, doit être semé dans les faibles terrains, et le maïs blanc, plus délicat, doit être semé dans les plus forts terrains.

Le froment est originaire de l'Inde; il doit être semé à petites raies, par un léger labour, en retournant un peu la terre pour couvrir la semence et le fumier, entre la mi-septembre et la mi-novembre, par un beau temps, dans un terrain pas trop mouvant, mais un peu humide, principalement lorsqu'on le sème en sillon, afin que la terre ne s'écroule pas, autrement, on doit le semer dans un terrain plutôt sec que trop humide. Il faut environ un demi-hectolitre de froment pour emblaver trente-deux ares de terrain. Si la terre est féconde, les herbes peu abondantes et le temps favorable, on peut être assuré de la réussite.

Les amendements ont toujours beaucoup plus d'avantage, pour le froment et les autres céréales, dans les terrains préparés par les bons labours de maïs, de pommes de terre, etc., que dans les terrains couverts de chaume et non préparés par les vivifiants labours de la belle saison. En effet, les excellents labours de la belle saison étant très avantageux pour le froment, doivent être pratiqués, et les terrains ainsi préparés ne doivent pas être relabourés avant de semer le froment. On étend bien le fumier sur le terrain, on sème le froment sur le fumier, et on le couvre immédiatement à sillons ou à plat; les sillons sont souvent plus avantageux, principalement lorsque le terrain est sujet à l'humidité. On peut opérer ainsi sans fumer, pourvu que le terrain soit assez propre et fertile.

En effet, une bonne culture est très favorable aux végétaux; mais ce n'est pas assez, il faut aussi de l'engrais pour les alimenter. Le fumier étant une des principales sources de la fécondité de la terre, il est du devoir des propriétaires d'apprécier combien il faut d'engrais pour la fertiliser convenablement, combien de bétail pour obtenir cet engrais, et combien de pâture pour bien nourrir ce bétail. S'ils n'ont pas assez de prés naturels, ils doivent s'en créer artificiellement parmi leurs terres arables. Pour créer de bonnes prairies artificielles, telles que sainfoin, luzerne, trèfle, etc., il faut des terrains propres et fumés. Lorsque ces prairies artificielles sont un peu poussées, vers la fin de mars, on y sème du plâtre cuit, ce qui les favorise, pour peu que les mois d'avril et mai soient pluvieux; mais si ces deux mois sont secs, ce plâtre ne leur fera pas grand'chose, à moins que la récolte parvienne à ombrager le terrain avant qu'il soit trop sec

De plus, ils doivent aussi semer des garobes mêlées avec de l'avoine ou du seigle, des choux, des navets, du colza, du maïs épais d'été, des pommes de terre, des betteraves, des topinambours, etc. Ils doivent aussi toujours chercher à avoir le bétail le plus avantageux, le tenir en bon état, ainsi que les étables; en outre, ils doivent connaître la nature du sol et sa puissance productive, afin de pouvoir donner à chaque espèce de terrain les plantes qui doivent le mieux y réussir et y rapporter le plus de bénéfices. Ces détails étant assez connus, je dirai seulement que les terrains demandent quelquefois à changer de productions et que plusieurs végétaux exigent également être changés de terrain.

Le gros froment blanc (blé de bout), qui est le plus délicat, fait le moins de fleur, le pain moins blanc et moins savoureux, et dont la paille pleine est la moins longue et la plus dure, ne doit être semé que dans les terrains les plus fertiles, tels que chènevières, etc., en ce que sa paille étant moins longue et plus dure, les pluies et les vents la renversent moins; et le blé roux, qui est le plus robuste, fait le plus de fleur, le pain plus blanc et plus savoureux, et dont la paille creuse est plus longue et moins dure, craignant moins la chaleur, doit être semé dans toutes sortes de terrains, à l'exception des plus fertiles, dans lesquels ils se renverserait plus tôt que le gros blé blanc. Les deux espèces de froment ci-dessus tallent assez bien.

Il arrive souvent que le froment est attaqué de la carie, qui lui cause des dommages incalculables. Il importe de combattre cette maladie, car si tout le froment venait à être infecté, on perdrait cette précieuse céréale. Pour remédier à ce mal, il n'y a rien de mieux à faire que de choisir celui qu'on destine à la semence, brin par brin, épi par épi, lorsqu'il est mûr, avant de le moissonner, puis le déposer dans un appartement sain et propre, et l'égrener avec soin. Ensuite on le lave bien et on le chaule avec de la chaux vive avant de le semer. En faisant ainsi, on est à peu près certain de préserver le froment de la carie.

En définitive, les céréales n'exigent, pour bien réussir, qu'un terrain propre, pas trop meuble, reposé et amendé; mais, comme je l'ai dit plus haut, il faut les semer par un léger labour, fait avec des charrues ne labourant pêle-mêle que le sein de la terre végétale. Les charrues qui labourent trop avant et qui retournent trop la terre sont contraires à la croissance des céréales. Leur sarclage doit être fait à la main ou à la herse.

Lorsqu'à la moisson l'herbe est en trop grande quantité, afin de l'empêcher de se multiplier davantage, on coupe le blé au-dessus de l'herbe, et, par un temps sec et ventueux, on met le feu à ce qui reste. Les herbes et leurs graines ainsi brûlées nettoient le terrain et le fument pour l'année suivante.

Je ne donne point ici de détail sur les prairies ni sur toutes les différentes sortes d'engrais; seulement, je dis que les amendements de la première saison pour les prés, aussitôt que le foin est coupé, sont beaucoup plus avantageux que ceux de l'arrière-saison; en outre, les engrais gras et frais sont bons dans tous les prés, mais principalement dans les prés altérés, tandis que les engrais altérés, tels que la terre brûlée et autres, ne sont bons que dans les prés déjà trop humides.

De l'Arrosage.

Il est évident que l'arrosage est nécessaire aux végétaux, principalement pendant l'été, quand la terre est altérée; mais on ne peut arroser tous les champs, il faut s'en rapporter pour cela à la volonté de la Providence.

Mais si l'on ne peut arroser toutes les terres, on peut du moins arroser les jardins, qui sont le plus souvent à proximité des habitations; il est bon de les arroser à profit.

La meilleure eau à boire, la plus saine, la plus limpide est préférable pour l'arrosage à celle des rivières. Ce qui le prouve, c'est que l'on voit autour des fontaines de grandes quantités d'herbes marécageuses que l'eau a fait croître, même sur les terrains les plus stériles. L'expérience a prouvé que l'eau des grandes rivières ne saurait avoir cet avantage. Cette différence tient sans doute à ce que plus l'eau est longtemps exposée à l'air, comme celle des rivières, plus elle est corrompue; et si les eaux des fleuves débordés fertilisent les terrains qu'elles inondent, c'est parce qu'elles déposent des engrais qu'elles ont recueillis sur leur passage, le long des terrains amendés. Ajoutons que lorsque les rivières sortent de leur lit, leurs eaux sont améliorées par les grandes pluies qui les ont fait grossir.

Il est surtout important d'arroser avec de l'eau dont la température soit en harmonie avec celle de la terre et des végétaux; en sorte que si l'on veut arroser vers le soir, quand la terre est encore échauffée par la chaleur du jour, il faut auparavant faire un peu tiédir l'eau en l'exposant au soleil; mais si l'on arrose dès le matin, quand la terre et les végétaux sont encore en harmonie avec la fraîcheur de la nuit, il est inutile de faire tiédir l'eau; on l'emploie à la température naturelle des puits ou des fontaines. On conçoit, en effet, que si l'on arrosait de la terre et des végétaux chauds avec de l'eau froide, et de la terre et des végétaux froids avec de l'eau chaude, les végétaux en éprouveraient une contrariété subite qui leur serait préjudiciable; l'expérience prouve, en effet, que si l'on arrose avec de l'eau tiède des herbes couvertes d'une petite gelée blanche, on les fait périr à l'instant. Le mal sera plus ou moins grand selon la différence qu'il y aurait entre la température de l'eau et celle de la terre et des végétaux; d'où je conclus que le meilleur arrosage est celui du matin, parce qu'alors l'eau fertile des puits ou des fontaines est à peu près en harmonie avec la fraîcheur de la terre et des végétaux refroidis par la nuit précédente. Au reste, à quelque heure de la journée qu'on arrose, il faut donner peu d'eau aux végétaux délicats et davantage à ceux qui sont robustes.

L'irrigation offre de grands avantages sur des prés altérés; mais le morcellement de la propriété s'oppose souvent à cette opération, ainsi qu'à plusieurs autres bonnes directions de culture. Malgré cela, il faut faire arroser les prés altérés, autant que possible, par l'eau des ruisseaux, des fontaines, des égouts, des chemins, des rues, etc.

Il y a plusieurs terrains arables et vignobles auxquels l'eau nuit souvent; on peut y remédier dans les parties les plus basses par le drainage, en y pratiquant des fossés de drain de 60 centimètres de profondeur allant jusqu'aux extrémités du terrain incliné, dans lesquels on place des tuyaux de drainage d'une grosseur supérieure à la quantité d'eau qu'ils doivent recevoir, lesquels s'emboîtent l'un dans l'autre.

Il y a aussi une grande quantité de marais dont l'eau croupissante donne naissance à des miasmes insalubres et rend le sol impropre à toute culture; plusieurs de ces marais pourraient s'assainir et se dessécher par le drainage, qui serait le moyen le plus hâtif.

Néanmoins, les marais se dessèchent d'eux-mêmes par la longueur du temps. On connaît des marais dans lesquels autrefois on ne pouvait pas aller à pied, tant le sol était humide et mou; aujourd'hui on y va avec chevaux et charrettes, sans qu'on y ait fait aucune opération de drainage.

En effet, les marais occupés par une eau tranquille et croupissante produisent beaucoup d'herbes et de plantes aquatiques, dont les racines attirent et resserrent les dépositions d'eau ainsi que celles des herbes, telles que leurs tiges et leurs feuilles, qui renaissent et meurent tous les ans, et retombant dans l'eau à leurs pieds, forment une bourbe noire et meuble, parmi laquelle l'eau passe comme au travers d'un tamis. Ces herbes et plantes, dépérissant ainsi chaque année, haussent le sol peu à peu; lorsque ce sol est au niveau de l'eau, il se multiplie encore d'une quantité d'herbes et de plantes marécageuses, telles que les roseaux, etc.; de sorte que quelques années après, ce sol se trouve assez élevé et durci par l'air et le soleil pour pouvoir y conduire des chevaux et charrettes. On coupe ces herbes et plantes marécageuses pendant deux ou trois années de suite; on amende parfaitement ce sol, qui change de suite ses productions marécageuses en bons et abondants fourrages pour les bestiaux. Voilà comment des marais se changent seuls en excellentes prairies.

La tourbe combustible que l'on extrait des marais n'est autre chose qu'une composition de dépositions d'herbes et de plantes aquatiques et d'eau croupissante. Le fond de la tourbe est le lit des marais de l'antiquité.

Les rivières produisent aussi des plantes aquatiques; mais leur déposition est souvent entraînée par le cours de l'eau.

La vase que l'on extrait des rivières est d'abord infertile, tant elle est lavée; mais elle se fertilise par l'air et le soleil.

Reboisement des Montagnes.

Le reboisement des montagnes serait un bien; mais nous ne pouvons pas nous occuper de tels travaux, attendu que nos plaines, plus intéressantes, manquent de bras.

Malgré les encouragements accordés à l'agriculture par les sociétés savantes et le gouvernement, cela n'empêche pas que bien des jeunes cultivateurs laissent les campagnes pour encombrer inutilement les villes d'ouvriers.

L'agriculture, qui est le premier des arts, le plus utile, devrait être enseignée dans les écoles. La cherté des récoltes ramène l'ouvrier à l'agriculture; la hausse du blé entraîne souvent du mécontentement. Cette cherté est causée par la disette et la spéculation. Plus la disette est grande, plus la spéculation est animée. C'est pourquoi il serait nécessaire que la spéculation fût modifiée, en ce que les spéculateurs transportassent utilement et sans accaparement le blé d'un lieu où il y en aurait trop dans un autre où il en manquerait. Un grand nombre de riches spéculateurs tiennent quelquefois le monopole des subsistances; possédant assez de fonds, ils jouent la spéculation.

Des Animaux utiles ou nuisibles aux Végétaux.

Les escargots causent parfois de grands dommages aux vignes, comme les limaçons en causent à d'autres végétaux de premier ordre, tels que le seigle et souvent le froment. Ils ont un ennemi dans le crapaud, que les cultivateurs ont l'imprudence de tuer dès qu'ils l'aperçoivent. Ils ont tort, car le crapaud est un animal inoffensif, qui se tient le jour tranquillement dans son trou et n'en sort que la nuit pour chercher sa proie; et c'est alors qu'il rend d'éminents services à l'agriculture, en détruisant un grand nombre d'animaux nuisibles, tels que les vers, les chenilles qui rampent à terre, les limaçons et même les escargots dont la coquille n'est pas encore dure, les sauterelles, les grillons, les taupes-grillons, les fourmis et une infinité d'insectes nuisibles.

Les belettes ont aussi leur utilité pour la prospérité des végétaux: elles détruisent les rats et autres rongeurs des plus nuisibles.

Les oiseaux sont encore de précieux auxiliaires pour le cultivateur, et malgré les préjugés qui s'attachent à certaines espèces, les services qu'ils rendent sont inappréciables. Je citerai la chouette, qui détruit une quantité considérable de rats et d'insectes; la mésange, la fauvette, le pinson, etc., qui font leur nourriture de chenilles et de larves de toute nature.

S'il est un animal que l'on doive détruire, c'est le serpent venimeux, cet affreux reptile dont la blessure est dangereuse, et qui tue le crapaud, dont je viens de constater l'utilité. On devrait aussi détruire les oiseaux de proie, tels que la pie, l'épervier, etc., qui détruisent une grande quantité d'oiseaux utiles et agréables.

Considérations générales.

J'ai commencé à cultiver la terre très jeune; j'ai par conséquent, dans ma longue carrière, acquis l'expérience nécessaire pour conduire un grand nombre de végétaux, et je pourrais indiquer ici les moyens les plus convenables de les régénérer; mais, dans la crainte d'être trop long, je me contenterai de ce que j'ai dit concernant les plus précieux et les plus utiles, qui sont aussi ceux qui ont le plus besoin de secours. L'attention du lecteur n'ayant à se fixer que sur un petit nombre de règles, il pourra aisément les saisir et les appliquer aux végétaux qui font l'objet principal de la culture dans plusieurs contrées.

J'ai cultivé pendant trente ans les diverses plantes dont j'indique ici le mode de régénération; je les ai vues croître, puis dégénérer de jour en jour, d'heure en heure, et enfin périr. J'ai étudié autant que possible leurs maladies et leurs causes, et ce n'est qu'après de longues et nombreuses expériences que j'ai acquis les connaissances pratiques que j'ai consignées dans ce mémoire. On peut donc avoir une entière confiance dans les notions que j'ai données pour la régénération des végétaux ici traités.

Si je suis entré dans quelques détails théoriques, c'est que je suis convaincu qu'on ne peut convenablement régénérer un végétal quelconque sans être à même d'apprécier, non-seulement par l'expérience et la pratique, mais encore par la théorie, sa nature intime et les causes qui peuvent lui nuire, comme celles qui lui sont favorables. Mais il ne faut pas que la théorie soit le seul guide du cultivateur, car l'expérience trompe souvent le jugement. En outre, on voit souvent des auteurs qui prétendent traiter de l'agriculture, et qui, embrassant un trop grand nombre de plantes, se lancent dans des traités très étendus et souvent fort erronés, ou qui, voulant trop enseigner, n'enseignent rien. Mieux vaut ne pas tant parler et parler mieux.

La prudence, qui doit diriger l'homme dans les affaires ordinaires de la vie, doit aussi diriger le cultivateur dans l'adoption de telle ou telle méthode, comme dans ses travaux; et le simple bon sens lui dit que, de toutes les manières d'opérer, celle qui produit les résultats les plus avantageux est la meilleure. Qu'il les compare donc les unes aux autres, et qu'il choisisse celle qui lui fera obtenir les produits les plus beaux et les plus abondants. Celui-là a atteint la perfection qui, dans une terre de même nature, de même contenance, de même qualité et située dans les mêmes conditions de climat et d'exposition, a obtenu le plus de produits. Un bon propriétaire cultivateur doit avoir son grenier plein de blé, sa cave pleine de vin et sa bourse pleine d'argent.

Tous les êtres, animaux ou végétaux, sortis des mains du souverain Créateur sont sains et vigoureux, presque insensibles aux intempéries jusqu'à leur âge de maturité, mais à la condition qu'ils soient bien traités. Néanmoins, en ce qui concerne les végétaux, on les voit souvent dégénérer avant le temps, eux et la terre qui les nourrit. Toutefois, il ne serait pas raisonnable de croire que cette dégénérescence puisse devenir jamais générale, car tout ce que Dieu a créé se renouvelle, mais ne meurt pas entièrement.

Si nous éprouvons des pertes par suite de l'épuisement de la terre, de la dégénération des végétaux et des contagions qui les détruisent, ce sont des avertissements du ciel, qui nous punit des fautes que nous commettons dans la culture des terres et des plantes qu'il nous a données. Leurs traitements intelligents et les temps favorables nous indemnisent des pertes que nous causent les fléaux dont je viens de parler.

Évitons la paresse, et considérons le travail, la prudence et la sobriété comme nous assurant la santé et la prospérité. De même que notre paresse ou notre ignorance est souvent la cause première de la dégénération des végétaux et des terres confiés à nos soins, de même nos passions mal gouvernées sont souvent les causes de la dégénération de notre corps, de notre santé et de notre intelligence, dégénération plus redoutable pour nous que celle des végétaux. Sachons donc nous modérer prudemment, aussi bien dans nos travaux que dans nos passions, nous nous en trouverons bien, ainsi que nos végétaux et nos propriétés.

FIN.

TABLE DES MATIÈRES

Pages.

Copie du rapport de la commission de la Société d'Agriculture de la Charente sur le présent Mémoire.. I II III IV
Question sur la dégénération de la vigne...... 1 2 3 4
Anciennes méthodes dégénératrices des vignes actuellement en usage...................... 4 5 6 7 8
Nouvelles méthodes régénératrices des vignes. 8 9
Choix des crossettes et des boutures............ 9 10 11 12
Élaboration végétable des crossettes et des boutures.. 12 13
Pépinières pour obtenir des plants de vigne. 14
Plantations de la vigne........... .... 14 15 16 17
Influence des engrais pour ou contre la vigne.. 17
Genres de plantations; échalassage; taille de la vigne.. 18 19 20 21
Taille de la vigne....... .. .. 22 23 24
L'oïdium : remèdes contre cette maladie....... 24 25
Régénération de la vigne par les pépins........ 26
Plantation de la vigne............ .. .. 26 27
Moyen pour obtenir des marcottes de vigne... 27 28
Ravalement et provignage.......................... 28 29
Greffe de la vigne.. 30
Taille de la vigne... 3) 31
Pinçage et épamprement.... 32

	Pages.
Labours de la vigne; moyens préservatifs contre les gelées blanches du printemps....	33
De l'oïdium et des maladies contagieuses des végétaux....	33 34 35
Manière de faire le vin	35 36 37
Pour conserver les qualités naturelles du vin.	37
Replantation des arbres....	38 39
Régénération des terres; perfection des labours; temps et saisons qui leur conviennent....	39 40 41 42
Régénération des pommes de terre et des céréales....	42 43 44 45 46 47
De l'arrosage et de l'irrigation....	47 48 49
Drainage et desséchement des marais....	49 50
Des animaux utiles et nuisibles aux végétaux.	51 52
Considérations générales....	52 53 54

FIN DE LA TABLE.

Angoulême, Imp. A. Nadaud et Cᵉ, rue du Marché, 4.

Angoulême, Imp. A. Nadaud et Cie, rue du Marché, 4.

www.ingramcontent.com/pod-product-compliance
Ingram Content Group UK Ltd.
Pitfield, Milton Keynes, MK11 3LW, UK
UKHW020326220726
13923UKWH00003B/1399

9 782019 223489